KB092954

부모
노릇

부모
노릇

1판 1쇄 펴낸 날 2021년 2월 8일

지은이 민승기
펴낸이 나성원
펴낸곳 나비의활주로

책임편집 권영선
디자인 design BIGWAVE

주소 서울시 성북구 아리랑로19길 86, 203-505
전화 070-7643-7272
팩스 02-6499-0595
전자우편 butterflyrun@naver.com
출판등록 제2010-000138호
상표등록 제40-1362154호

ISBN 979-11-90865-20-3 03590

완벽하지 않아도
★ 충분히 괜찮은 부모입니다 ★

민승기 지음

나비의 활주로

나태주 시인은 〈부모 노릇〉에서 이렇게 말합니다. '낳아주고 길러주고 가르쳐 주고 그리고도 남는 일은 기다려주고 참아주고 져주기.' '가장 어려운 농사는 자식 농사'라는 말도 있습니다. 부모 노릇이 어렵고 두려운 분들, 지쳐 포기하고 싶은 분들, 아니 나는 실패자라고 생각하는 분들, 이제 막 부모가 되려는 분들에게 이 책을 꼭 권하고 싶습니다. 따뜻한 위로와 실제적인 지침이 있는 부모 노릇의 뉴노멀을 발견하게 될 것입니다.

김성묵_ (사)두란노아버지학교운동본부 이사장

세상에서 가장 힘들다는 부모 노릇! 올곧음은 유지하되 눈높이를 맞춰 이해하고 사랑은 깊게 하되 그 표현은 때로 절제하고 때로는 더 해야 하니 늘 부족하다 생각하는 부모 노릇! 자녀 교육에서만큼은 고슴도치 부모가 되지 말아야 하는 시대에 제대로 된 부모 노릇의 바로미터는 무엇일까요?
저자는 세상의 많은 부모들에게 이 책을 통해 부모 노릇의 새로운 표준을 마련해주셨습니다. 날마다 새롭게 변화하는 시대지만, 그래도 그 중심은 언제나 사람이고 온전한 부모 노릇이 중요해진 때에 귀한 책이 출간되어 보물 상자를 열어보는 것 같습니다.

이 세상에 태어난 모든 아이에게는 이유가 있듯이 부모 노릇은 자녀들에게 그 이유를 찾아주는 것입니다. 이 책이 세상을 영롱하게 비춰주길 기원합니다.

양진_ (사)출산육아교육협회 이사장

'부모 노릇'이라는 단어를 들으면 저는 늘 부담이 됩니다. '자녀를 완벽하게 키우는 부모'라는 의미를 담고 있기 때문이죠. 그래서 지쳐 있던 차에 이 책은 그 완벽함이 오히려 자녀를 망치기 때문에 적당히 좋은 부모면 충분good enough하다고 말합니다. 그리고 무엇보다 그 시작이 좋은 부부가 되는 것이라고 말해줘서 고맙습니다.

어쩌다 결혼을 하고, 어쩌다 부부가 되고, 어쩌다 부모가 된 우리들이 어찌 완벽한 부모가 될 수 있을까요? 그 마음을 내려놓을 때 우리는 충분히 좋은 부모가 될 수 있습니다. 이미 충분히 좋은 부모임을 확인해야 할 많은 분들이 꼭 읽어보길 권해드립니다.

이수경_ 가정행복코칭센터 원장

좋은 부모가 되는 것은 누구나 꿈꾸는 일입니다. 좋은 부모가 되는 길에 잘하고 있다고, 생각을 다르게 해보라고 조언과 격려를 해주는 동반자가 있다면 힘이 날 것입니다. 마치 친구와 대화하듯 순식간에 읽어 내려가는 이 책 속에는 그런 푸근한 지혜가 담겨 있습니다.

저자의 아버지로서의 경험, 가정사역자로서의 오랜 강의와 깊은 영성에서 추출해낸 보석 같은 글입니다. 이 책이 좋은 부모가 되고 싶은 모든 이들에게 동반자가 되기를 적극 추천합니다.

정귀석_ 주평강교회 담임목사

시작하는 글

그때는 알지 못했죠 우리가 무얼 누리는지

거릴 걷고 친구를 만나고 손을 잡고 껴안아주던 것

우리에게 너무 당연한 것들

(중략)

우리가 살아왔던 평범한 나날들이 다

얼마나 소중한지 알아버렸죠

가수 이적의 〈당연한 것들〉이란 노랫말 일부입니다. 작년 백상예술대상 시상식에서 아역 배우들이 이 노래를 부르자 그 자리에 있던 많은 배우들이 눈시울을 붉혔습니다. 그 장면을 영상으로 보면서 저 역시 울컥하는 마음을 꾹꾹 누르느라 애를 먹었습니다. 이 글을 쓰고 있는 시점에도 아직 일상이 회복되지 않아서 수많은 공연장이 문을 닫은 상태이고, 대중이 모이는 행사는 여전히 몸을 사리는 상황입니다.

이적이 노래하듯이 그동안 우리가 살아왔던 평범한 일상이 더 이상 평범하지 않은 것임을 모두가 알아버렸습니다. 그런데 그동안 아무도 그것이 얼마나 소중한 것인지 알아주지 않았던 것입니다.

세상에서 가장 귀한 것들은 역설적이게도 값이 매겨져 있지 않아서 공짜인 것처럼 인식되고 있습니다. 공기가 그렇고, 사랑이 그렇습니다. 값을 매길 수 없을 만큼 소중한 것임에도 우리는 당연한 것으로 여기고 살아갑니다. 그런데 상황이 바뀌면 더 이상 그것이 당연한 것이 아님을 그제야 알게 됩니다. 최근 K-POP 열풍의 주역인 BTS조차도 무대에서 관객과 함께 노래하는 게 꿈이라고 말하는 상황이니까요.

우리의 평범한 가정도 얼마나 소중한 것인지 평소에는 잘 느끼지 못합니다. 너무나 당연한 것으로만 생각합니다. 함께 살아온 부부가 서로를 당연하게만 여기거나 부모와 자녀가 서로를 당연하게만 생각하며 살아왔습니다. 그런데 이제는 그 모든 것들이 당연한 것이 아님을 새삼 인식해야 합니다. 세상에 당연한 것은 없는 것이니까요. 그래서 평범한 일상이 가까이에 있을 때, 평범한 일상이 아직 유지되고 있을 때 그 일상을 더욱 소중히 여기며 보듬고 간직하려는 노력이 필요한 것 아닐까요? 그렇게 생각하면 수많은 일상 가운데 가정만큼 소중한 일상은 없을 것입니다.

제가 이렇게 책도 쓰고 10년 넘게 부모 교육 전문가랍시고 강의를 하고 있지만 제 결혼 생활의 초년기를 돌아보면 얼굴이 화끈거립니다. '대한민국에서 나 같은 남편이 몇이나 되겠냐? 나만 한 아빠 있으면 나와보라 그래!' 이렇게 생각만 한 것이 아니라 아내에게 실제로 말했으니까요. 28년의 결혼 생활을 지금 돌아보면 착각도 유분수였습니다. 그동안 더 배우고 알면 알수록 무엇이 착각이었는지 명확해지니까 변명의 여지가 없어지네요. 이제 중년의 아내와 청년이 되어버린 두 아들을 바라보면 미안함으로 후회가 쓰나미처럼 밀려올 지경입니다.

다시 생각하는 부모 노릇

제가 《행복한 부모 리더십: 이 세상 단 하나뿐인 내 가정을 위한》이란 책을 펴내면서 가정이 행복해야 자녀가 행복하고 사회가 건강해지는 원리를 소개한 지 벌써 7년의 시간이 흘렀습니다. 그때 못다 한 이야기도 있었고 그동안 또 다른 경험과 배움을 바탕으로 다시 한 번 건강한 가정, 행복한 부모와 자녀를 위한 책을 내놓게 되었습니다. 그사이 세상은 많이도 변했습니다. 그런데 우리의 가정과 부모는 그다지 변하지 않은 듯합니다. 우리 사회의 여러 공동체 가운데 유독 가정의 건강과 행복은 후퇴하는 느낌입니다. 부모도 지치고 자녀도 탈진 상태입니다. 도무지 믿기지 않는 부모와 자녀 사이의 사건들이 뉴스를 장식합니다.

수많은 부모 교육 지침서들이 쏟아져 나오고, 전국 곳곳에서 부모 교육 강좌가 열리는데도 세상은 좀처럼 나아지지 않습니다. 유사 이래 가장 많이 배우고, 경제적으로도 풍요로운 부모들이 우리 가정을 이끌고 있는데 행복한 가정은 왜 이렇게 드물고 어려운 것일까요? 그렇게 유명하다는 전문가들이 내놓은 지침서들이 나에게는 왜 별반 효과가 없을까요? 분명 그들은 책에 소개한 내용대로 자신의 자녀를 훌륭하게 키우고 행복한 가정을 만든 것 같은데 정작 나는 왜 책대로 안 되는 것일까요? 저도 저자이면서 독자이기에 더 많은 고민과 갈등이 있었습니다.

10년 이상 부모 교육을 해오고 있는 당사자로서 이런 딜레마에 어떻게 접근할지 고민하던 중에 몇 가지 생각을 정리하게 되었습니다. 우선 대부분의 부모 교육 지침서들이 누구에게나 동일하게 적용되어 효과를 볼 수는 있는 것은 아님을 알아야 합니다. 저자의 특정 상황에서 성공적으로 적용된 지침이라도 내 아이에게는 안 맞을 수 있으니 섣불리 일반화해서는 안 됩니다. 저 집 아이를 그렇게 키웠다고 내 아이도 그렇게 키우면 된다는 보장은 없습니다. 모든 아이의 삶은 너무나도 다양하기 때문입니다.

책에서 배운 대로 가르친다고 꼭 그대로 되지 않는 것이 아이들입니다. 그래서 저는 오히려 부모 노릇의 지나친 부담을 내려놓기를 권합니다. 이 책, 저 책 공부하며 완벽한 부모 노릇을 향해 에너지를 소비하는 부모님들께 조금 느슨하게 갈 것을 제안합니다. 부모로서 꼭 알아야 하는 기본과 실천해야 하는 본질에만 주목하길 바랍니다. 기본과 본질에 충실하되 일관된 양육 태도를 갖추었다면 그 나머지는 아이의 삶으로 놔두라는 것입니다. 부모의 바람이나 계획과 어긋나더라도 그것이 그 아이의 인생이려니 하면서 그저 바라보아야 하는 것입니다. 그리고 남겨둔 에너지는 부모 자신의 삶에 투자하는 것이 훨씬 현명합니다.

완벽한 부모에서 이 정도면 충분한 부모로!

이 책은 그렇게 출발했습니다. 단지 열심히 배워서 키운다고 되는 것이 아님을 인정하자, 그리고 완벽한 부모의 역할에서 조금은 자유로워지자는 것입니다. 오히려 누구보다 완벽해지려는 무모한 부모나 막무가내식 부모가 아니라 적당히 좋은 부모 노릇으로 자녀와 부모 모두가 행복해지자는 것입니다. 애착 이론으로 유명한 아동정신분석학자 도널드 위니캇이 말하는 '충분히 좋은good enough' 부모가 되자는 것입니다. '완벽한' 부모가 되려는 집착과 짐을 내려놓는 것이 중요합니다. 어차피 자녀는 부모 계획대로 되지 않는 존재임을 인정하는 용기를 바탕으로 말이죠.

좋은 부모가 된다는 것은 모든 부모들의 로망입니다. 그런데 좋은 부모는 먼저 좋은 부부가 되어야 가능합니다. 부모 교육은 열심히 받으러 다니면서 부부의 문제는 방치하는 난센스가 우리 주변에 너무도 많습니다. 그리고 좋은 부부가 되려면 건강한 결혼에 대한 인식이 받쳐줘야 합니다. 결혼과 가정에 대한 인식이 올바르지 못하면 좋은 부부, 좋은 부모는 물 건너가는 것입니다. 이런 배경에서 이 책은 결혼으로 출발하여 부부, 그리고 부모의 영역으로 전개됩니다.

좋은 부모가 된다는 것은 무엇일까요? 좋은 학교에 진학시키고, 좋은 직업을 찾도록 진로 지도를 잘했다고 꼭 좋은 부모는 아닙니다. 정말 좋은 부모는 '하고 싶은 일이 있는 사람'으로 키우는 것이고, '해야겠다는 생각'을 갖게 해주는 부모입니다.

요즘 아이들은 초등학교 고학년만 되어도 하고 싶은 일이 없어지는 세대입니다. 중고등학생이 되면 거의 대부분 하고 싶은 일이 무엇인지 자체를 모르겠다고 합니다. 그러니 하고 싶은 일이 있도록 키운 것만으로 이미 충분히 좋은 부모인 것입니다.

새로운 자녀 양육 이론 따위에 너무 집착하지 말고 우직하게 본질에 집중하면 그것으로 충분합니다. 부모가 완벽해야 한다고 애쓰다가 제대로 못 한다고 죄책감 느끼지 말고 적당히 좋은 부모 노릇에 머물러도 됩니다. 물론 이것도 말처럼 간단하지는 않습니다. 적당히 하는 부모 노릇도 제대로 배우고 반복하여 시도하지 않으면 저절로 되지는 않기 때문입니다. 그런데 조금만 생각을 바꿔보면 어려울 것도 없습니다. 결혼 28년 차인 저도 책 속의 내용을 여전히 지속적으로 반복하고 있으니까요. 자, 용기를 내어 한번 출발해보실까요?

2021년 새해를 열며 프라미스 수양관에서

민승기

CONTENTS

PART 2
어쩌다 부부

PART 3

어쩌다 부모

PART 1

어쩌다 결혼

결혼,
네가 왜 여기서 나와?

안나 카레니나의 법칙이 있습니다. '행복한 가정은 모두 엇비슷하고, 불행한 가정은 불행한 이유가 제각각 다르다'는 말입니다. 톨스토이의 소설 《안나 카레니나》에 나오는 문구로 유명하지요. 결국 대단히 특별한 것이 없더라도 고만고만한 일상이 모여서 행복한 가정을 이루는 데 비해서, 불행한 가정은 뭐 하나라도 문제가 되면 바로 그것 하나 때문에 불행을 느끼는 특징이 있다는 것입니다. 바꿔 말하면 행복한 가정을 이루기 위해서는 특정한 한두 가지가 아니라 일상의 여러 조건이 적당한 조합을 이루어야 한다고 해석할 수도 있겠습니다.

누구나 행복하기 위해서 결혼을 합니다. 하지만 결혼한다고 누구나 행복하지는 않습니다. 그 원인이야 셀 수 없을 만큼 다양하지만, 가장 우선적으로 결혼에 대한 인식과 준비의 문제를 꼽지 않을 수 없습니다.

결혼은 인생에서 가장 중요한 이벤트 가운데 하나로서 빠지지 않을 만큼 중대사입니다. 우리 인생에서 실직에 대한 스트레스보다 더 큰 스트레스가 결혼이라는 조사 결과도 있습니다. 그런데 직장을 정하거나 옮기는 일만큼 과연 결혼에 대해서도 충분히 적절한 준비 과정을 거치는가는 의문입니다.

좋은 부모가 되기 위한 관심에서 이 책을 고르신 독자분들은 왜 결혼 이야기로 시작하는지 의아해하실 수 있습니다. '결혼, 네가 왜 여기서 나오니?'라고요. 그런데 좋은 부모는 건강한 결혼관을 바탕으로 제대로 준비된 가정을 꾸리는 일에서 출발한다는 사실을 간과하면 안 됩니다.

무슨 일이든 출발이 좋아야 끝이 좋게 됩니다. 그런데 결혼을 너무 당연하게, 의례적으로 시작하는 청춘들이 많습니다. 일단 사랑하니까 연애를 하다가 함께 살기 위해서 당연히 결혼을 하는 것으로 말입니다. 이들에게 결혼 준비란 그저 결혼식 행사 준비와 다름없는 경우가 많습니다. 안타깝게도 결혼에 대한 준비는 건너뛰었음에도 정작 본인들은 결혼식 준비와 결혼 준비를 구별하지 못하는 것입니다.

결혼이란 두 문화가 만나는 역사적인 사건입니다. 그래서 정현종 시인은 〈방문객〉이란 시에서 다음과 같이 노래했는지도 모릅니다.

사람이 온다는 건
실은 어마어마한 일이다
그는

그의 과거와 현재와

그리고

그의 미래와 함께 오기 때문이다

한 사람의 일생이 오기 때문이다

결혼이란 한 사람의 일생이 다른 사람의 일생과 만나서 두 사람의 일생이 되는 일입니다. 그 두 사람의 일생은 그 자체가 각각의 문화입니다. 이렇게 서로 다른 두 문화가 하나가 되어 새롭게 조화를 이루는 것이 결혼입니다. 이런 결혼을 단지 두 사람이 한집에서 함께 살아가면 되는 것으로 단순하게 생각한다면 행복한 결혼 생활을 만들기는 어려운 일이지요. 공간이 가정을 만들지는 않기 때문입니다.

결혼식 준비? vs 결혼 준비!

쉽게 시작한 일은 쉽게 그만두게 됩니다. 아무리 공들여 준비하고 시작하더라도 수많은 난관과 갈등 가운데 버텨내기 쉽지 않은 것이 인생입니다. 그렇기 때문에 더 신중하고 진정성 가득하게 결혼을 바라보는 인식이 중요합니다. 두 사람이 결혼에 대해 어떤 생각을 갖고 있는지 충분히 경험하고 대화하며 탐색하는 과정이 생략된 채 달달한 데이트만으로 결혼이라는 거대한 문화를 만들어가기에는 벅찰 것입니다. 적어도 가슴 설레지만 두려운 감정선을 올바로 공유하고 확인하는 두 사람의 에너지가 든든한 결혼의 기반이 됩니다.

나에게 결혼이란 어떤 의미인가, 배우자가 생각하는 결혼이란 무엇인가에 대해 얼마나 소통하고 교감했는지가 결혼 생활의 만족도를 결정합니다. 막상 결혼해서 살다 보니 이런 사람이었던가, 놀라고 후회하는 커플이 적지 않은 것은 바로 이런 과정이 생략되었기 때문이지요. 결혼하고 나서 사람이 변했다고 속상해하고 갈등하지만 사실은 원래 그런 사람인 것을 확인하지 못했던 것은 아닐까요? 아니, 확인할 틈이나 의지가 없었을 수도 있습니다. 놀랍게도 결혼식 준비 과정에서는 그런 것들이 눈에 안 들어오니 말입니다.

결혼! 이 얼마나 낭만적인 단어입니까? 일생에 손꼽을 수 있는 몇 안 되는 가슴 벅찬 단어이자 행복을 꿈꾸게 해주는 단어일 것입니다. 그러나 현실은 꼭 그렇지 않으니 문제입니다. 누구에게는 결혼이라는 단어가 일생을 옭아매고 숨통을 옥죄는 우울한 단어가 될 수도 있습니다. 결혼이라는 초현실적 상황을 당당하게 마주하려면 그만큼의 준비 과정을 제대로 거쳐야 하는 이유가 바로 여기에 있습니다. 낭만적인 결혼 생활을 애초에 포기하라는 것이 아니라 그런 비전과 열망을 함께 실현하도록 부부가 결혼관과 인생관을 조율하는 과정을 소홀히 하지 말라는 것입니다.

3포 세대, 7포 세대를 말하는 요즘 결혼조차 만만치 않은 인생의 숙제가 되어버린 현실에서 자연스럽게 짝을 찾고 연애 기간을 거쳐서 결혼에 이르는 일도 빈익빈 부익부가 되었습니다. 결혼이라는 의지 자체가 꺾여버린 청춘들이 부지기수인 가운데 만남의 기회라도 갖기 위해 결혼 전문업체를 찾기도 하고, 커플 매칭 앱이 개발되어 보급되기도 합니다. 시대의 변화에 따라서 이런저런 방법이 등장할 수는 있겠지만 평생의 배우자를 찾고 결혼을 준비하는 과정이 상대의 스펙과 직업적 안정성, 집안 배경 등에 초점이 맞춰지는 현실은 결코 가볍게 넘길 일은 아닌 듯합니다.

결혼의 의미와 가치를 찾아가는 현명함

최근 젊은이들 사이에 미닝아웃 소비가 유행입니다. 기왕에 구매하고 소비하려면 의미mean 있고 가치 있는 제품이나 기업을 선택하여 소비하자는 의지를 드러내는coming out 패턴을 말합니다. 의도적으로 공정무역 제품을 구매한다든지 사회적 의미와 가치가 있는 영화 티켓을 집중적으로 예매하여 힘을 실어주는 행위 등이 그것입니다. 그리고 코로나 사태로 영업에 심각한 타격을 입은 소상공인을 돕기 위한 의도적인 선결제 운동을 비롯한 착한 소비 운동도 그와 결을 같이하는 일입니다. 이제 세상은 자신의 이익만을 위한 것이 아니라 더불어 함께 살아가는 것임을 공유하고 실천하는 젊은이들이 많아졌다는 사실에 가슴이 뜨겁습니다.

이렇게 일상의 소비 행위에서조차도 의미와 가치를 두는 세대로 발전했다면 인생의 최대 이벤트 가운데 하나인 결혼에 대해서도 의미와 가치를 추구하는 진지함이 동반되면 좋겠습니다. 누구의 눈치도 보지 않고 나만의 자유로움을 추구하며 오늘 여기에서의 삶을 즐기는 세대라 하더라도 결혼의 의미와 가치에 주목하는 성인으로서의 자세와 의지는 필요합니다. 성인이란 단지 법적으로 인정된 나이를 먹었다고 되는 것이 아닙니다. 신체적 조건이 어느 수준에 이르렀다고 되는 것도 아닙니다.

여성 듀오 옥상달빛의 노래가사와 같이 어른처럼 생기기만 해서는 안 됩니다. 생김처럼 생각도 그래야 어른입니다. 성인이란 문자 그대로 다 자란成 사람人이 아닐까요? 나이나 육체적인 자람뿐만이 아니라 정신적으로도 다 자란 사람이고, 삶의 가치관에 있어서도 다 자란 사람인 것입니다. 다 자랐다는 것은 그만큼 성숙하다는 것이지요. 이런 성인끼리 만나서 결혼을 해야 합니다.

이렇듯 성숙한 두 사람의 만남과 준비 과정에서 충분한 조율을 거쳐 이루어진 결혼을 바탕으로 부부가 되어야 좋은 부모도 되는 것입니다. 누구나 결혼을 하고 자녀를 갖게 되면 좋은 부모가 되려고 하지요. 요즘은 세상이 하도 험악해서 부모 같지 않은 부모도 가끔 뉴스를 장식하긴 하지만 인간의 본성은 좋은 부모가 되고 싶어 합니다. 그런데 좋은 부모란 먼저 건강한 결혼관을 통해 지긋한 담금질의 과정을 거쳐야 가능합니다. 그래서 좋은 부모의 첫출발은 바로 온전한 결혼에서 시작되기에 이 책의 도입부인 이곳에서 결혼 이야기가 튀어나온 것입니다.

Q 나에게 결혼이란 ______________ 입니다.

A 왜냐하면 ______________ 하기 때문에.

Q 우리는 결혼 준비와 결혼식 준비의 구별을 어떻게 할 것인가요?

A ______________

Q 결혼에서 내게 가장 중요한 것은 ______________ 입니다.

A 왜냐하면 ______________ 하기 때문에.

결혼, 파출소 피하려다 경찰서 만난다?

집이란 긴장과 피로와 다툼이 끝나는 곳일 수도 있지만, 누군가에게는 긴장과 피로와 다툼이 시작되는 곳일 수도 있습니다. 젊은 시절에는 그렇게도 떠나고 싶은 곳이었는데, 나이를 먹으면 그렇게도 돌아가고 싶은 곳이 집입니다.

젊었을 때는 왜 그렇게도 빨리 어른이 되어 집을 떠나 독립하고 싶었는지 모릅니다. 가정환경이 행복하지 않은 경우에는 그 정도가 더 심해서 학창 시절에 가출을 하기도 합니다. 성인이 되면 빨리 집을 벗어나려고 결혼을 서두르는 청춘들도 있습니다. 그런데 결혼의 동기가 불완전하여 무작정 서두르는 만큼 결혼의 준비와 깊은 성찰은 소홀히 하게 되는데, 이런 결혼 생활은 얼마 못 가서 후회와 갈등으로 뒤덮이기 쉬운 법입니다. 파출소 피하려다 경찰서 만나는 격이지요.

결혼은 인생의 도피처가 아닙니다. 설령 일부 그런 기능을 할 수도 있다고 하더라도 본질적인 목적을 도피나 회피에 두면 건강한 결혼이 아닙니다. 그래서 자신의 상황이 부정적이고 조급한 마음이 든다면 오히려 그럴수록 결혼을 신중하게 점검하고 살펴야 합니다.

결혼 상대에게도 이런 자신의 상황을 솔직하게 털어놓고 공유하며 결혼의 진행 과정을 조율할 필요가 있습니다. 만약 이런 상황에 상대방이 진지하고 성실하게 반응하지 않거나 마음을 함께 모으지 않는다면 그 관계는 다시 생각해야 할 것입니다. 우선 좋은 감정이 가득할 때 섣불리 결정하고 나중에 뒤늦은 후회를 한다면 그처럼 상처가 되고 가슴 아픈 일은 없습니다.

한동준이라는 가수의 〈사랑의 서약〉이란 노래가사는 너무나 아름답고 달콤합니다. 결혼을 준비하는 커플에게는 최고의 로망이고 꿈 같은 비전입니다. 결혼식 축가로 널리 알려진 이유를 알 것 같습니다.

그토록 바라던 시간이 왔어요
모든 사람의 축복에 사랑의 서약을 하고 있죠
세월이 흘러서 병들고 지칠 때
지금처럼 내 곁에서
서로 위로해줄 수 있나요

함께 걸어가야 할 수많은 시간 앞에서
우리들의 약속은 언제나 변함없다는 것을 믿나요
힘든 날도 있겠죠 하지만 후횐 없어요
저 하늘이 부르는 그날까지
사랑만 가득하다는 것을 믿어요

그런데 결혼은 함께 걸어가야 할 수많은 시간이 있고, 지키지 않으면 안 되는 약속도 있으며, 힘든 날도 반드시 있기 마련입니다. 결코 저 하늘이 부르는 그날까지 사랑만 가득하지는 않습니다. 세상에 오직 웃을 일만 가득한 가정은 없기에 자칫하면 사랑의 서약이 사랑의 미로로 빠지기도 합니다. 아무리 기를 써도 출구가 보이지 않는 미로에 빠지기라도 하면 왜 그토록 서둘러서 집을 나오려고 했는지 그제야 이불킥을 하기도 합니다.

'어쩌다 결혼'은 이렇게나 위험합니다. 결혼은 어쩌다 보니 하게 되었다가 아니라 진지하고 신중하게 준비된 상태에서 해야 합니다. 결혼은 해도 후회, 안 해도 후회라는 전통적인 이야기가 있습니다. 그만큼 무엇이 옳은지 단정 짓기 힘든 것이지요. 특히 요즘 같은 다양성의 시대에는 반드시 결혼을 해야 한다고 당연시할 수만은 없습니다. 마치 결혼하지 않은 사람은 세상의 루저인 것처럼 색안경을 끼고 바라보는 것도 편견이고 차별입니다. 아니, 어쩌면 폭력일 수도 있겠습니다. 비혼족으로 홀로 살아가는 사람도 충분히 그럴 이유와 자유가 있다고 인정하는 다양성의 시대가 되어야 합니다.

까치는 텃세가 심한 새입니다. 자신의 영역을 확보하고 둥지를 지어서 새끼를 키우기 때문에 다른 까치가 그 영역으로 들어오는 것을 싫어합니다. 까치가 울면 반가운 손님이 오는 것이라는 속설은 낯선 사람에 대해 민감한 배타적 영역 본능의 까치 속성이 그렇게 전해지고 있는 것이지요. 아무튼 이렇게 까치마다 자신의 영역을 확보하고 관리하는 형태로 살다 보니 미처 영역을 확보하지 못한 까치는 짝짓기를 못하고 살아간다고 합니다. 슬프게도 타의에 의한 비혼족이 되는 것이랄까요? 요즘 집 구하기가 너무 힘든 세상이라 결혼을 포기한다는 젊은이들을 보면 주택난으로 비자발적 비혼족이 되어버린 까치와 같다는 안타까운 생각입니다.

이런저런 이유로 결혼을 하지 않고 살기로 결정한 사람도 분명 우리의 이웃이므로 그 결정을 존중해야 합니다. 우리나라의 가족 구성원 변화를 보면 놀랍습니다. 과거에는 4인 가구가 가장 많았고 전형적인 가족의 기준이 되었습니다. 하지만 이제는 1인 가구가 가장 많은 시대입니다. 그 다음으로는 2인 가구가 많습니다. 이 두 가지 유형의 가구를 합하면 무려 60%가 넘습니다. 이제 우리나라의 가정은 1인 아니면 2인으로 구성된 형태가 대세인 시대를 살고 있는 것입니다.

과거의 기준을 잣대로 타인을 재단하는 일은 이미 구시대적인 발상임을 인식해야 합니다. 이것은 결혼에 대해서도 예외가 아닙니다. 누구나 적당한 나이가 되면 결혼하는 것이 정상이라는 편견도 내려놓을 때가 된 것입니다.

아는 만큼 보이기에 충분히 서로를 파악해야

이렇듯 다양한 삶과 가족의 형태가 존재하고 존중되는 시대임에도 변할 수 없는 것은 결혼이 결코 가벼워서는 안 된다는 것입니다. 단지 두 사람이 사랑을 해서 같이 있고 싶은 마음에 결혼을 하면 어떻게든 살아지겠거니 하는 생각은 지나치게 가벼운 생각입니다. 둘이 함께 있는 것만으로도 행복하기에 결혼해서 같이 사는 것도 중요하지만 어떻게 살 것인지에 대한 준비와 공감이 필요합니다. 저는 아내와 같은 동네에서 살고 같은 교회를 다니면서 7년이나 연애하고 결혼을 했음에도 막상 결혼 이후에야 서로를 알게 된 부분이 너무도 많았습니다.

한창 연애하던 기간에는 서로를 알 만큼 다 안다고 착각하기 쉽습니다. 그래서 좀 더 제대로 서로를 알기 위한 과정과 노력을 지혜롭게 하지 않으면 결혼 이후가 고통의 가시밭길이 됩니다.

참고로 결혼을 생각하고 교제하는 사이라면 이런 사람은 피하는 것이 좋습니다.

첫 번째, 평소에 아무리 사람이 좋더라도 특정 상황에서 분노를 참지 못하고 이성을 잃는 사람.
두 번째, 폭력적인 사람. 아무리 화가 나도 결혼 상대에게 폭력을 쓰는 사람은 매우 위험합니다.
세 번째, 자기 사랑이 지나쳐서 자기중심적인 사람. 결정적인 순간에 자기중심으로 결정하는 사람과는 오래도록 행복하기 어렵습니다.

적어도 이런 세 부류의 사람이라면 아예 만나지 않는 것이 좋습니다.

결혼에 대한 나 자신의 소리에 귀 기울여야

결혼을 준비하고 있다면 상대방을 인생의 동반자요, 평생의 파트너로 선택할 이유를 꼼꼼히 생각하고 먼저 자기 자신에게 질문해볼 것을 권해드립니다. 특별히 싫지도 않고 어느 정도 만남의 기간도 있어서 딱히 이렇다 할 것도 없는데 사회적 통념과 주변인이나 가족들의 권유로 결혼식 날짜를 잡는다면 너무 막연한 결혼이 되는 것입니다.

유명한 연예인 가운데 의외로 이혼하는 경우가 있는데, 대부분의 이유는 결혼을 막연하게 했기 때문입니다. 당시에는 결혼이 당연하다고 생각했는데 막상 살아보니 결혼할 이유가 명확하지 않은 상태에서 외롭거나 나름의 괴로운 일들을 피하려는 내면적 심리를 바닥에 깔고 무작정 결혼했던 것입니다. 이런 결혼은 거의 대부분 시간이 지나면서 부부의 갈등으로 이어지거나 자존감의 상실과 인생의 의미를 놓치는 순간을 만나면서 흔들리게 됩니다.

평생을 살면서 부닥칠 위기의 순간이나 험한 세월을 막연하게 무작정 감행한 결혼으로는 당해내지 못합니다. 작은 혼란이나 어려움이 닥쳐도 바탕이 든든하지 못한 결혼은 버티지 못하기 때문입니다. 내가 이러려고 이 사람과 결혼한 것은 아닌데 하는 생각이 지배하기 시작하면 힘을 합쳐 극복할 마음이 생기지 않습니다. 상대방에게 느끼는 못마땅하고 불편한 점만 부각되면서 결혼의 회한만 넘쳐나고 결국은 인생의 무의미함에 휩쓸리는 것이지요.

인생의 바다를 항해하려면 바람도 필요하고 튼튼한 돛도 필요하지만 가장 중요한 것은 키를 잡는 것입니다. 키를 제대로 잡아야 항해의 방향을 잃지 않게 됩니다. 그런데 애초부터 키를 제대로 잡지 못하고 출발한 결혼이라는 항해가 온전하게 이어지는 것은 무리입니다.

상대방의 잘못이나 결점이 유난히 거슬리고, 결혼 생활에 회의를 느끼는 경우에는 상대방의 귀책 사유를 넘어서 나 자신에게 결혼에 대한 왜곡된 인식이나 판단이 있지는 않았는지 돌아보는 것이 중요합니다. 이런 잘못을 피하려면 결혼에 대한 자신의 진정한 속마음을 살피는 합리적인 성찰 과정이 꼭 필요합니다. 그 사람을 선택하지 않으면 안 되는 확고하고 분명한 이유가 아닌 도피하거나 의지하려는 내면의 목소리는 없었는지……. 결혼을 준비한다면 이 점을 반드시 짚어보는 두 사람의 성찰의 시간을 만들고 나누시기 바랍니다. 어차피 후회할 가능성이 절반이나 존재하는 것이 결혼이라면 충분히 살피고 본질을 점검하는 과정을 통해 시행착오를 줄일 수 있지 않을까요?

Q 내가 배우자로서 이 사람을 선택해야 할 이유 두 가지는 ______

______

______ 입니다.

Q 내가 결혼을 결심한 이유는 ______

______

______ 입니다.

Q 내가 결혼을 도피처로 생각할 수 있는 배경이나 내면적 고민은 없나요?

______

______

______

STORY 3

연애는 이성, 결혼은 감성

나이는 숫자 가슴이 진짜

가슴이 뛰는 대로 가면 돼

(중략)

연애는 필수 결혼은 선택

가슴이 뛰는 대로 가면 돼

트로트 가수 김연자의 노래 〈아모르파티〉 가사 일부인데, 이 노래를 부른 가수의 인생을 선명하게 반영한 가사가 더욱더 마음에 와 닿는 노래입니다.

가수 본인의 결혼이 나이 60세가 다 되어 실패로 끝난 채 모든 것을 뒤로하고 고국으로 돌아와서 다시금 인생을 바라보다가 새 출발하게 해준 노래입니다. 그야말로 본인의 인생 노래가 된 것이죠. 그런데 가만히 살펴보면 이 노래의 가사처럼 많은 사람들이 연애는 가슴이 뛰는 감성이고, 결혼은 현실이라서 이성으로 표현합니다. 연애할 때와는 너무나도 많은 부분이 달라진 결혼의 현실성을 지적한다는 점에서는 충분히 동의합니다. 하지만 결혼을 계획하면서 반대로 한번 생각해보는 것은 어떨까요?

연애 때는 이성적으로 생각하고 상호관계를 조율해가는 것이 중요하고, 결혼은 감성적으로 배우자를 바라보고 해석하며 평생의 삶을 만들어가야 오래갑니다. 연애 시절의 그 감성으로 결혼 생활을 이어간다면 사사건건 이럴 줄 몰랐다면서 상처를 받거나 비난하는 일은 줄어들 것입니다.

그렇게도 당신 없이는 못 산다고 노래를 부르면서 무슨 일이든 꿀 떨어지는 눈으로 바라보며 이해하고 넘어가던 두 사람이었습니다. 그런데 결혼 생활에서는 도저히 꼴을 못 보는 사이로 변해버립니다. 당신 때문에 못 살겠다고 머리를 쥐어뜯게 됩니다.

왜 그럴까요? 그것은 바로 결혼 생활을 너무나 이성적으로 바라보기 때문입니다. 그냥 좋게 넘어가는 일 없이 사사건건 말이 안 된다고 따지고 대들기 때문입니다. 이성으로만 바라보는 결혼은 이성이 마비되는 일투성이가 됩니다.

결혼은 여러 가지 면에서 행복하기만 하지는 않습니다. 혼자 살 때에

비해 불편한 점도 있고 불평을 쏟아낼 일도 많습니다. 그래서 때로는 불행하다고 느낄 수도 있음을 직시할 필요가 있습니다. 결혼과 동시에 '고생 끝, 행복 시작'을 선언하고 꽃길만 걷겠다는 희망은 동화 속의 이야기에 가깝습니다. 그래서 결혼을 하면 오히려 연애 시절보다 더 감성을 유지할 이유가 여기에 있는 것입니다.

가뜩이나 불편하고 불평거리가 생기는데 두 사람이 잔뜩 이성적인 시선으로만 서로를 바라본다면 불행의 서막이 오르게 되는 법이지요. 차라리 조금은 감성적인 시선으로 결혼 생활을 받아주면서 기왕 선택한 결혼에 대해 기꺼이 불편을 감당하려는 마음이 행복한 결혼을 유지하게 만들 것입니다.

관점을 바꾸면 새로운 것이 보입니다

2020년 비지상파 드라마 중에서 최고의 시청률을 기록한 〈부부의 세계〉는 과연 불륜이란 소재와 그에 얽힌 가정의 문제는 불변의 흥행 치트키(결정적 한 방)임을 보여준 작품입니다. 결혼이란 무엇이고, 그 제도 아래 살아가는 부부와 자녀의 복잡한 현실은 무엇인가를 생각하게 되는 블랙홀 같은 드라마였습니다.

1990년대 중반에 이와 비슷한 흥행을 보이며, 불륜을 소재로 다루면서 결혼과 부부에 대한 새로운 면모를 소개한 〈애인〉이란 드라마가 있었습니다. 이 드라마에서도 결혼한 두 남녀가 만나서 불륜관계를 이어가며 만들어낸 장면들이 당시로서는 파격이었습니다. 그런데 남자 주인공이었던 배우 유동근의 파란색 셔츠가 불티나게 팔리는 기현상도 발생했지요.

어쨌든 두 사람이 결혼을 하고 부부가 된다는 것은 위험을 감수하는 일입니다. 위험을 사전에 파악하고 대비하는 과정에서 오류가 발생하면 정작 결혼 생활이 위협을 받을 수밖에 없습니다. 그래서 연애는 달콤한 감성보다 오히려 이성이 더 필요한 시기라고 말한 것입니다. 단지 조건을 따지라는 것이 아니라 눈에 덮인 콩깍지가 소소하지만 치명적인 오류의 시그널을 놓치거나 무시하는 일은 방지하라는 것이지요. 그런 과정을 충분히 거치면서 결심하고 결혼에 골인한 것이라면 이제부터는 감성을 최대한 발휘하여 결혼 생활을 말랑말랑하게 만들어가라는 것입니다.

안타까운 것은 대부분의 커플들이 이와 정반대의 행보를 걷는다는 사실입니다. 연애 시절에는 무엇이든 예쁘게만 보고 다 받아주다가도 결혼만 하면 언제 그랬냐는 듯이 돌변하여 서로에게 따지고 지적질하면서 불평을 터뜨리다가 서로의 불행 지수를 상승시키는 일을 반복합니다.

이제 관점을 바꿔볼 필요가 있습니다. 결혼은 연애가 아닌 현실이라고 해서 너무 이성적인 시각으로만 서로를 바라보지 말았으면 좋겠네요. 현실이 녹록지 않을수록 감성의 힘을 발휘하는 역설적 접근을 하면 어떨까요?

옛말에 결혼하면 눈과 귀와 입을 얼마 동안은 가리고 살아야 탈이 없다고 했습니다. 시대가 변했으니 무조건 참고 살라는 것은 안 되겠지만 이성이 아닌 감성의 눈으로 살아간다는 점에서는 일부 수용할 부분도 있다는 말입니다.

행복한 결혼 생활을 오래 이어가려면 긴 호흡이 필요합니다. 결혼 생활의 근거를 자신이 아닌 외부에서 찾게 되면 분명 불행하고 위기에 취약한 결혼이 될 수밖에 없다는 전문가들의 지적에 저도 공감합니다. 따라서 연애를 좀 더 이성적으로 하는 자세가 필요합니다. 두 사람의 인생 지도를 그려보면서 과거의 발자취를 함께 걸어보는 것입니다.

각자의 원가정에서 결핍된 부분이 무엇인지 찾아보면 결혼을 통해 상대방에게 뒤늦은 보상심리가 작동할 여지는 없는지도 분별이 가능합니다. 그리고 미래의 꿈과 바람을 그려보면서 두 사람이 보폭을 어떻게 맞출 것인지를 가늠하면 좋겠습니다. 내가 상대방에게 맞춰갈 부분을 알지 못하면 상대방도 나에게 맞추지 못합니다.

신혼여행지와 호텔을 검색하는 시간 이상으로 머리를 맞대고 인생 지도를 그려보세요. 연애의 이성적 경험이 감성적 결혼의 든든한 뼈대가 되는 것입니다.

둘만의 개성으로 옷 입힌 결혼 준비

스드메(스튜디오, 드레스, 메이크업)에 덮여버린 결혼식 준비는 진정한 결혼 준비가 아닙니다. 신혼테리어(신혼집 인테리어) 조사와 준비가 결혼의 초점이 되면 안 됩니다. 예식을 준비하는 것과 결혼의 언약을 짚어가며 인생을 준비하는 것은 다른 문제입니다.

요즘은 외주의 시대입니다. 우리 생활에 필요한 거의 모든 것들은 외주가 가능합니다. 하객조차 외주가 가능한 시대이지만 결코 외주에 의존해서는 안 되는 것이 당사자들의 결혼에 대한 주도적인 준비입니다. 커플 매칭 사업도 활성화되었고, 심지어 커플 매칭 앱도 개발이 되어 사용하는 시대입니다. 그러나 가성비 좋게 예식은 외주에 의존하더라도 가심비를 결정하는 결혼 그 자체는 본인들의 책임하에 이성적으로 살피고 나누고 소통하며 준비해야 합니다.

결혼에 나름의 의미와 가치를 입혀서 예식을 진행하거나 뜻 깊은 이벤트로 만드는 젊은 부부도 많습니다. 시골의 폐가를 리모델링하면서 자신들의 삶을 함께 디자인하는 부부도 있습니다. 대도시의 집값에 짓눌리지 말고 경제성과 삶의 가치관을 연결하여 수개월간의 리모델링 공사 기간에 온전한 결혼을 체험하고 완성해가는 청년들도 있습니다. 또는 결혼식 대신에 세계여행을 다니며 경험과 추억을 만들면서 함께 부부로서의 미래를 설계하는 이들도 있습니다. 결혼 전에 충분히 함께 누리고 즐기되 가치를 공유하는 시간을 갖는 것입니다. 그 결과물로 책이 나오기도 하고 유튜브 콘텐츠로 탄생하면서 삶의 출발이 그대로 부부의 미래로 이어지는 것입니다. 부부가 삶의 가치를 같이 공유하고 만들어가는 것이지요.

〈이태원 클라쓰〉라는 드라마의 명대사 가운데 "나로 살아가는 걸 남들에게 납득시킬 필요는 없다"는 말이 생각납니다. 이 말은 주변인 신경 쓰지 말고 네 멋대로 살라는 것이 아닙니다. 남들의 기준에 비교하거나 그들의 눈치나 보면서 사는 인생은 되지 말라는 것이지요. 결혼이 그렇지 않을까요? 결혼식이나 신혼 살림을 남들의 기준에 비교하고 맞추면서 등급을 매기는 삶이 아니라 결혼식 이후의 삶에 대한 탐구와 고민이 필요한 것입니다.

더 이상 불합리한 고정관념이나 관습에 젖어서 결혼이 아닌 결혼식만 준비하는 일은 없어야 하겠습니다. 평생 한 번뿐이라는 유혹에 발목 잡혀서 감당하기 어려운 지출에 속앓이하지 말아야 합니다. 평생 한 번뿐인 일들은 결혼하고도 수없이 만나게 될 것입니다. 나다운 재미와 의미를 갖추고도 행복의 여운이 길게 남는 결혼과 결혼식 준비에 신박한 아이디어를 모은다면 얼마나 좋을까요?

Q 연애 시절에 결혼을 준비하며 가장 이성적으로 살펴야 할 부분이 있다면 무엇인가요?

Q 결혼 이후에 감성적으로 시각을 바꿔야 할 점은 무엇이라고 생각하나요?

Q 평생 한 번뿐이라는 착각에서 벗어날 필요가 있는 결혼 관련 이벤트는 무엇일까요?

STORY 4

나도 나를 모르는데?

〈슬픈 언약식〉이란 노래가 있습니다. 가사의 일부를 소개하면 다음과 같습니다.

어떤 현실도 우리 사랑 앞에서
얼마나 더 초라해질 뿐인지
이제 눈물을 거둬
하늘도 우릴 축복하잖아
워~ 이렇게 입맞추고 나면
우린 하나인데

흔히 결혼을 언약이라고 표현합니다. 단순한 약속이나 계약과는 사뭇 다른 뉘앙스와 의미를 보여주는 단어입니다. 약속이나 계약은 깨질 수도 있습니다. 하지만 언약은 원래 깨지면 안 되는 것입니다. 다분히 종교적인 배경의 단어인 만큼 성경에서 말하는 언약처럼 쪼개고 새기는 것을 의미합니다. 성경 전체가 구약과 신약이라는 언약의 말씀이듯이 결혼을 언약이라고 표현하는 이유는 깨뜨리지 말라는 것입니다.

아쉽게도 요즘은 언약이 아니라 철저한 개인 대 개인의 계약으로 변화되어 아예 결혼 계약서를 작성하기도 합니다. 물론 그만큼 충실한 결혼생활을 유지하고 싶은 마음에 젊은 세대답게 서로 원하는 바를 문서화하여 지켜야 할 약속으로 정리한 것이지만, 내심 언약의 심오한 의미를 지나치게 자본주의적 현실로만 다루고 있는 듯한 아쉬움은 숨길 수가 없습니다.

아름답게 하나가 된 부부의 사랑 앞에서는 어떤 현실도 초라해질 뿐이겠지만, 반대로 현실 앞에서 부부의 사랑이 초라해지는 일도 많습니다. 그래서 부부의 언약은 조건이 변하거나 문제가 발생하면 언제든지 해지할 수 있는 계약이 아니라 서로를 위하고 존중하며 헌신하는 마음을 전제로 합니다. 이 세상의 모든 약속 가운데 가장 신성한 것이 언약입니다.

결혼을 합리적이고 객관적인 조항들을 바탕으로 한 계약으로 여기는 것이 마치 쿨한 사람처럼 여겨지는 풍토는 그리 좋게 보이지 않습니다. 결혼이라는 언약은 서로에게 구속력을 가질 뿐만 아니라 영원히 상대방에게 충실하겠다는 서약입니다. 단지 상대방에게 요구하는 조건들이 아니라 상대방에게 어떻게 발맞춰갈 것인지에 대한 섬김의 마음입니다.

연애 당시의 상대방에 대한 호감만을 기준으로 결혼하는 것이 아니라 결혼 이후의 오랜 세월이 지남에도 그 사람의 있는 모습을 그대로 받아들이고 사랑하겠다는 약속이 결혼 언약입니다. 그렇다면 결혼은 상대방이 더 성숙해지고 잘되도록 돕는 일상의 삶이 뒷받침되어야 합니다. 배우자를 좋게 바라보는 관점과 마음이 준비되어야 합니다.

언약의 결혼이란 결혼 이전의 독립된 자아에서 결혼으로 형성된 새로운 자아를 세워가는 것이어야 합니다. 이런 공동체적 자아관을 부부가 함께 만들어가는 과정이 결혼 생활입니다.

상대방에 대한 관점을 바꾸고 상대방의 관점을 알아야

부산지방법원의 천종호 부장판사는 공동체관계를 전제로 하는 자아를 '연고적 자아'라고 말합니다. 즉, 부부란 단순한 인간 대 인간의 잠정적 결합이 아니라 결혼을 통한 운명 공동체적 새로운 자아의 형성이 중요하다는 것입니다. 그래서 쉽게 파기할 수 있는 계약관계로 결혼을 인식하는 것은 매우 위험한 생각입니다. 이 점은 부부 가운데 누구 한 사람에게만 해당하는 것이 아닙니다. 부부 두 사람 모두가 같은 인식의 방향과 수준을 가져야 행복하고 원만한 결혼 생활이 지속될 것입니다. 그래서 부부는 결혼을 준비하는 과정에서 결혼관, 인생관, 가치관에 대한 탐색과 소통의 시간이 꼭 필요합니다.

관점이란 어떤 사물이나 현상을 보고 해석하는 보편적 태도를 말합니다. 어떤 관점을 가졌느냐에 따라서 같은 현실도 전혀 다르게 해석하고 판단하게 됩니다. 관점에 따라서 의사결정이 달라지기도 합니다. 세상을 바라보는 틀이라는 점에서 프레임frame이라고도 합니다. 한 사람이 오랜 기간 쌓아온 경험과 지식으로 두뇌에 구축된 틀이라는 스키마schema도 이와 유사한 개념입니다. 중요한 것은 어떤 프레임, 관점, 스키마를 가졌느냐에 따라서 특정 상황에 마주쳤을 때 말과 행동이 달라진다는 사실입니다. 이것은 인간의 의식적이면서도 무의식적 사고 체계에 의한 현상입니다.

결국 결혼을 준비한다는 것은 두 사람이 상호 존중하고 배려하면서 인생과 결혼에 대한 서로의 프레임, 스키마가 어떤 것인지를 깊이 있게 확인하는 일입니다. 배경이 어떻고 스펙이나 연봉이 얼마인지 따위나, 신혼집을 어느 동네에서 몇 평짜리로 할 것인가를 아무리 탐색하고 준비해도 정작 상대방의 삶의 프레임을 1도 모르고 결혼한다면 신혼여행지에서부터 서로 속았다고 고함치는 날이 곧 닥쳐올 것입니다.

세상에서 자신을 가장 잘 아는 사람은 본인이라고 생각하지만 자신을 가장 잘 모르는 사람이 본인이기도 합니다. 오죽하면 최후의 선교지는 지구 반대편의 어느 종족이 아니라 자기 자신이라고 하겠습니까? 이렇게 자기 자신도 잘 모르는데 하물며 수십 년을 따로 살아온 상대방에 대해 연애 조금 해봤다고 다 아는 것처럼 행동하는 것은 대단한 착각이고 교만입니다.

카피라이터 정철은 두부를 '세상에서 가장 물러터진 음식'이라고 말합니다. 그런데 우리는 이렇게 물러터진 녀석을 상대할 때도 칼을 집어들고 최선을 다합니다. 두부를 대할 때도 이처럼 최선을 다하는데 평생의 배우자를 선택하고 결혼을 준비하는 과정에서 최선이 빠진다면 어떻겠습니까? 혹은 엉뚱한 부분에서 최선을 다하고 정작 본질은 놓친다면 그 결혼은 어떤 모습일지 쉽게 짐작이 가지 않습니까? 찌개에 넣을 두부도 손으로 대충 듬성듬성 잘라 넣지 않습니다. 깔끔하고 반듯하게 잘라서 넣는데 그 수단으로는 칼이 최선이라는 것입니다.

그렇다면 결혼 준비에서 소홀히 하면 안 되는 최선은 무엇일까요? 그것이 바로 상대방의 인생관, 결혼관 혹은 경제관을 비교하고 살펴서 서로 합이 맞는지를 파악하는 일입니다.

최선의 반대말은 무엇입니까? 최선의 반대말은 차선이 아니라 '어차피'랍니다. 어차피 거기서 거긴데 뭐 그리 요란하게 할 것 있느냐는 마음이 최선을 무너지게 합니다. 어차피 사는 게 그런 건데 뭐 그렇게까지 하느냐는 생각이 최선을 망칩니다.

세상 모든 일에 있어서 최선을 다하기는 쉽지 않습니다. 에너지가 한참이나 모자라서 힘이 듭니다. 하지만 최선을 어차피란 녀석에게 쉽게 넘기지 마십시오. 그 순간이 결혼을 앞둔 상황이라면 더너욱 최선의 자리를 내어주지 마십시오.

일단 결혼식을 마치고 나서 하는 후회는 이미 늦습니다. 이혼이 흠은 아닌 시대이지만 굳이 하지 않아도 될 일은 안 하고 사는 게 좋습니다. 그러려면 결혼 준비 과정에서 관점이나 프레임 찾기에 최선을 다해야만 합니다.

시간과 비용, 에너지를 집중해서 스드메에 투자할 부분을 줄여서라도 상호 자아를 찾고 맞춰보는 시간을 가져보세요. 최고의 만족도를 보이는 성과물에는 프로세스가 중요합니다. 대충 만들어지는 최고는 없는 법입니다. 결혼식과 눈에 보이는 예물이나 남들 시선을 의식한 다양한 형식에 정신을 빼앗기면 정작 중요한 프로세스는 건너뛰게 됩니다. 그리고 결혼식이 끝나기가 무섭게 이게 아닌데 하고 후회하는 마음이 들게 됩니다.

공감과 존중은 '찐' 결혼의 핵심

내 발등을 내가 찍는 것은 자기 책임이라고 하더라도, 자칫 자녀라도 생긴 이후라면 문제가 달라집니다. 내 발등뿐만 아니라 아이들 발등까지

찍게 되니 아이들은 무슨 죄란 말입니까?

사실 부부의 세계보다 더 끔찍한 것은 부모의 세계입니다. 그래서 자녀에게 끔찍한 부모의 세계를 물려주지 않으려면 결혼식이 아닌 결혼 준비가 중요한 것입니다.

결혼 생활에서 가장 중요한 것은 부부의 친밀감입니다. 뜨거운 애정이나 사랑의 감정도 중요하지만 결국 부부를 오래도록 함께 살아가게 만드는 것은 친밀감입니다. 마치 아기와 엄마의 애착과도 같은 것입니다. 집착이 아닌 애착은 행복한 부부 사이를 유지시켜주고 오래도록 동반자관계를 이어줍니다.

부부의 친밀감을 강화하려면 공감과 존중의 자세를 갖추는 것이 중요합니다. 그리고 훈련된 방법으로 소통해야 합니다. 결혼을 준비하면서 상대방과 얼마나 공통점이 있느냐보다 얼마나 공감력이 있느냐를 살펴야 합니다. 나 자신의 편리함을 위하기보다 상대방을 위해서 얼마나 조율할 수 있는가에 초점을 맞춰야 합니다.

반드시 서로 이런 공감과 존중의 정도를 확인하는 과정을 거쳐야 올바른 선택을 할 수 있습니다. 당연히 이 모든 과정을 겪어내려면 원활한 소통의 스킬이 필요합니다. 의도는 좋았는데 소통의 방법이 잘못되면 갈등의 불꽃이 피어나기 때문입니다. 다음 장에서 다루는 부부 사이의 소통에 대해 참고하면 좋겠습니다.

괴테는 '남의 좋은 점을 발견할 줄 알고 남을 칭찬할 줄 알아야 한다'고 했습니다. 그런 사람이야말로 남을 자기와 동등한 인격으로 생각하는 것이기 때문입니다. 결혼 준비 과정에서 상대방이 이런 사람임을 확인하고 나 또한 이런 사람이 될 것을 언약해야 합니다.

〈계춘할망〉이란 영화에서 주인공 할망은 이렇게 말합니다.

"세상살이가 아무리 힘들고 지쳐도 온전한 내 편만 있으면 살아지는 게 인생이라. 내가 네 편 해줄 테니 너는 네 원대로 살아라."

부부가 서로에게 이렇게 말해줄 수 있는 친밀감을 형성하도록 탐색하고 소통하는 애정 가득한 준비 과정이 요즘 표현대로 '찐' 결혼 준비가 아닐까요?

Q 결혼 생활에 있어서 계약 조건이 아닌 언약의 내용으로 정하고 싶은 것은 무엇인가요?

Q 결혼과 인생에 대한 나의 프레임과 내가 생각하는 상대방의 프레임은 어떤 것인가요?

Q 부부의 친밀감을 강화하기 위해서 서로가 할 수 있는 일들은 무엇인가요?

PART 2

어쩌다 부부

STORY 1

부부는 가장 가까운 타인입니다

말 그대로 세상에서 가장 가까운 타인은 바로 부부입니다. 부모 자식보다 더 가까우면서도 언제든지 남이 될 수 있는 관계입니다. 부부가 되기도 쉽지만 남이 되어 갈라서기도 쉬운 관계입니다.

세상의 수많은 문제들 가운데 상당 부분은 부부 문제에서 출발한 경우가 많습니다. 우울증, 자살, 외도, 이혼, 청소년 범죄, 학교 폭력, 학교 밖 아이들, 가출 등의 경우가 그렇습니다. 그만큼 건강한 부부 사이를 유지하는 것은 범사회적인 측면에서도 매우 중요한 일입니다. 따라서 부부가 되어 가정을 꾸리고 살아가는 첫 단추를 제대로 꿰는 것은 개인적으로나 사회적으로 꽤나 의미 있는 일입니다. 그 첫 단추는 바로 부부가 된다는 것의 의미를 제대로 아는 것입니다.

우리는 왜 결혼을 하는 것일까요? 혼자 살기가 외롭거나 힘이 들어서 결혼을 하기도 합니다. 그냥 좋아하니까 같이 살려고 결혼을 하기도 하지요. 나이가 찼으니까 관습적으로 결혼이란 제도 안으로 들어가기도 합니다.

중요한 것은, 결혼은 내가 편하자고 해서는 안 된다는 것입니다. 나의 외로움이나 불편함을 해결한다든지, 나의 부모님의 불편함을 해소하려는 것이 결혼의 동기가 되어서는 안 됩니다. 결혼은 두 사람이 하나가 되어 새로운 자아를 발견하고 실현하는 공동체적 목적을 가져야 합니다.

존스홉킨스대학교의 앤드류 설린 교수는 결혼을 3단계의 변화로 분석했습니다.

1단계는 가족 부양이 목적이던 '제도적 결혼'입니다. 한쪽은 먹고살기 위해서, 한쪽은 먹여 살리기 위한 의무를 지는 결혼입니다.

2단계는 서로의 사랑을 주고받는 '우애적 결혼'인데 생계 수단을 넘어서 사랑을 전제로 합니다.

3단계는 '자기 표현적 결혼'이라는 것입니다. 사람은 누구나 자기 실현의 욕구를 가지고 있습니다. 오늘날의 결혼은 이미 두 사람의 자기 실현적 욕구를 충족시키려는 단계까지 발전했습니다. 세상은 이렇게 변화하고 발전하는데 결혼을 하는 부부가 결혼식은 초현대식으로 준비하면서도 결혼의 의미를 왜곡된 전통적 통념에 갇혀서 인식한다면 모순 아니겠습니까?

배우자를 어떤 관점으로 바라보느냐가 중요합니다. 나와 동반자가 되어 서로를 돕고 세워가는 동등한 인격체로 인식하나요? 아니면 나의 필요를 충족시켜줄 의존적 대상으로 인식하나요? 배우자에 대한 나의 인식이 결혼 생활을 좌우합니다.

인간은 불완전한 존재이므로 누군가에게 의지할 수 있습니다. 아니, 의지하고 살도록 만들어진 존재입니다. 신은 스스로 존재합니다. 그러나 인간은 문자 그대로 혼자가 아닌 누군가와 함께 존재하는 속성을 가졌습니다. 사회적 동물로서 집단을 만들고 커뮤니티를 구성합니다. 그래서 결혼이 필요하기도 한 것입니다.

하지만 의지하는 것과 의존하는 것은 다릅니다. 의지한다는 것은 삶의 일부에 해당하는 일입니다. 그런데 의존이라면 존재 자체를 기대는 것입니다. 의존하는 삶은 서로가 행복하지 않습니다. 부부도 그렇습니다. 서로 의지하고 도우며 세워가는 삶이 되어야지 의존하는 상황이 되면 오래 견디지 못합니다. 언젠가는 한쪽에서 쓰러지거나 도망가게 됩니다.

건강하게 의지하는 부부로 나란히 서려면 결혼과 배우자에 대한 인식이 중요합니다. 왜곡된 인식은 왜곡된 행동을 낳게 됩니다. 남자는 일하고 여자는 살림한다는 인식으로는 결코 행복한 동반자적 자아 실현의 결혼이 불가능할 것입니다. 그런 인식은 상대방을 건강하게 대우하지 않기 때문입니다.

부부는 가치가 아니라 역할을 구분해야

요즘 밀레니얼 세대의 열에 아홉은 부부가 맞벌이하는 것을 당연시합니다. 소위 살림남이 어색하지 않은 시대입니다. 이미 20년 전에 나온 《돈 잘 버는 여자 밥 잘 하는 남자》라는 책 제목도 이제는 별로 새롭지 않을 정도입니다. 이 책에서 혹실드 교수는 결혼에 관한 세 가지 이데올로기를 이야기합니다. 전통적, 과도적, 평등적 이데올로기가 그것입니다.

먼저 전통적 이데올로기는 여성은 가정, 남성은 직장으로 구분하는 것입니다. 이에 따르면 남성은 직장이 곧 자기 자신이라고 동일시하므로 가정과 육아는 아내의 몫이라고 넘겨버립니다.

과도적 이데올로기는 여성도 일을 할 수 있다고 생각하면서도 가정에서는 집안일에 충실할 책임도 있다고 여깁니다. 남성은 아내가 일을 병행한다면 허락하는 입장이면서 그럼에도 자신은 직장에 충실해야 하므로 가정은 아내의 몫이라고 여깁니다.

결국 과도적 이데올로기는 여성의 어깨에 두 가지 짐을 얹는 격입니다. 남성은 대체로 아내를 도와주는 역할로 만족한다는 주의입니다. 요즘 부부 사이에서 해서는 안 될 말로 “청소해줄게, 설거지해줄게”가 으뜸입니다. 해주는 것이 아니라 그냥 하는 것이어야 합니다. 과도적 이데올로기의 남편이라면 ‘해줄게’의 인식으로 살다가 노년에 큰일을 치르게 되니 주의해야 합니다.

가장 바람직한 이데올로기는 평등적인 것입니다. 이것은 역할의 고정관념이 없습니다. 결혼은 부부가 평등한 파워를 갖고 각자의 역할에 충실한 것이 중요합니다.

최근 젊은 부부 사이에서 결혼 계약서를 작성하면서 가사 분담을 하는 일이 많습니다. 언뜻 보면 매우 합리적이고 갈등을 줄이는 묘안처럼 보이지만 실상은 그렇지 않습니다. 막상 계약서에 사인을 하고 나서도 현실은 변수가 너무나 많아서 계약을 어겼느니, 지켰느니 하면서 투닥거리는 일이 다반사입니다. 민법이나 형법의 수많은 조항도 인간의 삶에서 빠져나갈 구멍을 모두 막지는 못하는데, 하물며 부부 사이의 계약 조항에는 얼마나 구멍이 많겠습니까? 해석하기 나름인 조항부터 현실에 맞지 않는 조항까지 무수한 허점이 있음을 계약서 작성 당시에는 눈치를 못 채는 것이지요.

가장 좋은 방법은 무 자르듯이 집안일을 나누기보다는 평등적 이데올로기를 갖는 것입니다. 가정에서 부부의 역할은 다르지만 그 가치는 비교하면 안 된다는 인식이 중요합니다. 남편이 돈을 많이 벌고 아내는 전업주부라고 해도 아내가 남편보다 가치가 덜한 것은 결코 아닌 것이 결혼입니다. 그저 부부의 역할이 다를 뿐입니다.

아내의 가사 임금을 현실적으로 환산하면 1억 원가량의 가치가 있다는 조사도 있지만 굳이 그런 수치를 들먹이지 않더라도 좋습니다. 부부가 된 이상 남편과 아내는 역할의 차이는 있을지언정 가치의 차이는 없는 것입니다. 이것이 평등적 이데올로기입니다.

결혼 28년 차인 저도 초기에는 전통적 이데올로기에 물들어서 많은 충돌과 갈등을 겪었습니다. 특히 부모님과 함께 사는 환경에서 전통적 이데올로기로 충만한(?) 어머니의 개입과 간섭으로 극심한 스트레스의 연속이었습니다. 그러던 어느 시점에 결혼과 부부에 대한 공부와 깨달음 덕분에 이제는 '해주는 일'이 아니라 '하는 일'로서 집안일을 바라보고 실천도 잘 합니다.

부부가 할 일을 목록까지 만들면서 억지로 하기보다는 내 가정이니까 그냥 먼저 하는 사람이 되어보자는 마음이 문제를 해결합니다. 먼저 보는 사람이 기꺼이 그 일을 하거나, 부부 가운데 더 익숙한 사람이 그 일을 맡아서 하는 능동적 분위기를 만들면 스트레스도 없고 일도 잘 돌아갑니다. 나만 손해 아니냐는 생각 자체가 유치하게 느껴집니다. 이런 '깨달음'은 '꽤 다름'을 알게 해준답니다.

말하지 않으면 모르는 부부의 세계

부부가 살다 보면 당연히 서로에게 바라는 것이 생기게 됩니다. 그런데 내가 상대방에게 바라는 것과 상대방에게 해주는 것을 비교해보면 새로운 것을 깨닫게 됩니다. 아무리 부부라도 인식의 차이가 있다는 것입니다. 이것은 직장인을 대상으로 해봐도 비슷합니다.

내가 직장에 바라는 점과 직장이 나에게 기대하는 점을 적어서 비교해보면 일치하는 부분도 있지만 어긋나는 부분도 있기 마련입니다. 이때 포인트는 그 어긋나는 부분을 어떻게 조율하느냐입니다. 슬기롭게 조율하지 못하면 둘 사이는 멀어지고 같이 갈 수 없게 됩니다. 내가 바라는 것을 배우자도 당연히 알고 있을 것이라는 생각은 착각입니다. '말하지 않아도 알아요'는 어느 CF에서나 가능한 일이니까요.

행복한 부부가 되려면 유대감이 있어야 합니다. 애착 이론으로 유명한 정신의학자 존 보울비는 '인간은 정서적 유대감의 욕구가 매우 강하다'고 했습니다. 인생에서 어느 순간 누군가에게 의지하고 싶은 마음은 자연스러운 현상입니다. 이것은 아기에게 특히 중요하지만 부부에게도 매우 중요한 것입니다.

심리학자 수잔 존슨은 애착 이론을 부부의 치료에 접목하기도 했습니다. 행복한 부부는 보고 있어도 보고 싶은 법인데, 불행한 부부는 보고 있으면 혈압이 오르고 머리가 아픕니다. 누구는 밥 먹는 모습도 예쁘게 보인다는데, 누구는 자고 있는 뒷모습조차도 짜증이 난답니다. 이것은 부부의 정서적 유대감 차이에서 비롯된 일입니다.

정서적 유대감을 키우려면 공감대가 형성되어야 합니다. 특히 서로의 인생에 대한 가치관을 이해하고 공감해야 합니다. 그리고 물리적으로 함께하는 시간을 만들어야 효과적입니다.

저의 경우 가족의 기념일엔 거의 대부분 작은 케이크라도 앞에 놓고 모든 가족이 모여서 가볍게 축하의 시간을 가졌습니다. 그리고 연중 한두 번은 가족 여행을 다녔습니다. 당일치기라도 가능하면 다녀오려는 노력을 했습니다. 이것이 마치 의식처럼 인식되어 우리 가족과 우리 부부의 유대감을 만드는 데 큰 역할을 했다고 생각합니다. 다만 부부와 가족의 의식이 의무나 채무로 느껴지면 안 됩니다.

부부가 공유해야 하는 가장 중요한 것은 역시 가치관입니다. 배우자가 어떤 삶의 철학을 가졌는지, 가장 의미 있게 여기는 것은 무엇인지, 자신과 배우자의 미래 모습은 어떠하길 기대하는지에 대해 얼마나 알고 있는지가 핵심입니다. 혹은 자신의 직업에 있어서 어떤 부분에 자부심을 느끼는지도 살펴볼 일입니다. 부부는 서로를 잘 안다고 믿고 있지만 착각인 경우가 대부분입니다. 서로 마음을 열고 대화하는 과정을 통해 알게 되는데 대화의 방법이 잘못되거나 시간을 만들지 못해 그냥 살다 보니 알고 있다고 믿고 싶을 뿐입니다.

은퇴 후의 노년에 대해 이야기를 해보는 것도 중요합니다. 남편은 노년에 시골에서 자연인처럼 살고 싶은 로망을 갖고 있는데, 아내는 시골의 경치는 즐기고 싶지만 불편한 시설과 벌레는 질색이라면 문제가 심각해집니다. 그런데도 은퇴 이후의 준비에 각종 적금과 주식은 챙기면서 부부 사이에 미래의 꿈과 목표에 대한 대화는 소홀히 합니다.

노년의 삶은 젊은 시절 못지않게 긴 기간입니다. 별달리 할 일도 많지 않은 상황에서 부부에게 노년의 삶은 체감적으로 훨씬 더 길게 느껴집니다. 그런데 서로의 삶의 목표와 가치관에 대해 충분히 대화하고 공유하지 않으면 '행복 끝, 불행 시작'인 것입니다.

무인도 생존 게임이란 것이 있습니다. 혹은 사막의 생존 게임이라고도 합니다. 명칭은 중요하지 않습니다. 그 형식이나 방법은 거의 동일하니까요.

예를 들어 다음과 같은 다양한 물품 가운데 무인도에 표류했다고 가정하고 꼭 챙길 것 다섯 가지만 고른다면 무엇을 선택할 것인가 하는 문제입니다.

1) 옷 두 벌 2) 생수 두 박스 3) 권총 4) 밧줄 5) 성냥
6) 침낭 한 개 7) 텐트 8) 아스피린 9) 두루마리 휴지 한 통
10) 나이프 11) 나침반 12) 망치 13) 무전기 14) 위스키 15) 랜턴

16) 라디오 17) 소화제 18) 자외선 차단제 19) 냄비 20) 지도

사막에 고립되었다고 가정해도 마찬가지입니다. 부부가 각자의 판단에 따라서 선택을 하고 같이 비교해보는 것입니다. 그리고 동일한 물건은 무엇이고, 서로 다른 물건은 무엇인지 확인하면서 대화를 합니다. 가능하면 자신의 의도와 논리를 펼쳐서 상대방을 설득하여 물건을 통일하면 좋습니다.

결과가 어떻게 나왔나요? 동일한 물건이 많이 있습니까? 그것을 선택한 이유는 비슷했나요? 서로 다른 물건은 무엇이고, 왜 선택을 했는지 이유를 함께 말해보세요. 그리고 자신의 선택이 더 좋은 이유를 설득해보기 바랍니다.

쉽게 설득이 되던가요, 아니면 팽팽하게 맞서서 의견이 좁혀지지 않았나요? 혹시 대화 도중에 화가 나서 싸움으로 번지지는 않았나요? 막상 이 게임을 해보면 의외로 쉽지 않다고 말합니다. 부부가 선택한 물건이 생각보다 서로 다른 경우가 많습니다. 같은 물건이라도 선택의 이유가 다른 경우도 많습니다. 그런데 그것이 당연한 일입니다.

이 게임의 목적은 우리가 얼마나 서로 다른가를 체감하는 데 있습니다. 내 생각과 배우자의 생각이 어떻게 다른지를 느끼는 것입니다. 앞에서 정서적 유대감을 만들고 가치관을 공유해야 한다고 했습니다. 하지만

그것은 모든 면에서 부부의 의견이 일치하고 가치가 동일해야 한다는 의미는 아닙니다. 현실적으로 그럴 수도 없는 일입니다. 그런데 일치하지는 않더라도 이해하고 공감하는 것은 가능해야 합니다. 무엇보다 배우자의 내면의 가치와 미래의 비전을 알고 지지해야 합니다.

동업자가 아니라 동역자

배우자가 무엇을 소중하게 여기고 속 깊은 곳에 어떤 생각을 담고 있는지는 알고 있어야 합니다. '서로가 같아지려는 것이 아니라 서로의 다름을 알기만 해도 행복한 관계를 이어갈 수 있다'고 헤르만 헤세는 말합니다.

부부는 동업자가 아닙니다. 이해관계로 얽혀서 자신의 이득을 위해 시시콜콜 따지고 챙기는 관계가 아닙니다. 부부는 동반자이며 동역자가 되어야 합니다. 동역자는 종교적인 의미를 포함하고 있는 단어입니다. 그런데 꼭 종교의 영역에서만 동역자가 있는 것은 아닙니다. 같은 가치와 방향을 공유하며 서로의 경험과 지식을 합하여 상호 돕고 세워주면서 발맞춰 가는 사람이라는 의미에서 부부도 동역자가 되어야 합니다. 어쩌면 종교 이상의 숭고한 사명이 필요한 관계인지도 모릅니다.

저도 한때 동업을 시작했다가 불과 3개월을 못 가서 사업이 깨진 아픈 경험이 있습니다. 동업이란 웬만해서는 성공하기 어려운 일이라는 것을 뼈아프게 느꼈습니다. 이렇게 동업도 힘든데 동역이 만만치는 않겠지요. 하지만 부부라는 특수관계에서의 동역은 얼마든지 가능합니다.

동역자가 된다는 것은 산술적으로 절반씩의 의무와 책임을 나누는 것이 아닙니다. 자칫 오해를 하면 너와 내가 공평하게 절반씩 나눠서 하면 좋다고 생각합니다. 하지만 그런 산술적 공평으로는 부부로서의 동역자가 되기 힘듭니다. 차라리 두 사람의 역량이나 상황에 맞춰서 서로 합의하는 수준을 정하는 것이 좋습니다. 부부에게는 공평보다 공정이 더 중요합니다. 때로는 6 대 4가 되어도 불공평하다고 느끼지 않을 수가 있기 때문입니다.

숙련자가 열 개를 하고, 초보자는 다섯 개만 한다고 불공평한 것은 아닙니다. 오히려 각자의 수준과 기준에 맞춘다면 그것이 더 화합하고 성과를 내는 방법이 됩니다. 초등학생 자녀와 대학생 자녀에게 용돈을 똑같이 준다면 그것은 공평하다고 생각하지 않는 것과 같은 이치입니다.

부부가 동역자의 마인드로 서로의 입장과 상황을 배려하고 행동한다면 누가 얼마나 더 고생하네, 마네 하는 수준 낮은 모습은 보이지 않을 것입니다. n분의 1의 함정에 빠지지 마시기 바랍니다. 무조건 객관적 평등이 좋은 것은 아닙니다. 서로의 주관적인 공감과 만족이 더 중요합니다. 기왕이면 내가 힘든 일을 할 때면 억울해하기보다는 '내가 안 했으면 저 사람이 고생했겠구나'라고 생각하는 성숙한 마음이 필요합니다. 부부의 행복은 내가 하기 나름입니다.

Q 부부로서 각자의 역할에 대해 어떤 것을 기대하나요?

Q 향후 5~10년 안에 이루고 싶은 것은 무엇인가요?

Q 우리 부부의 미래 모습으로 가장 바라는 것은 무엇인가요?

Q 당신의 삶에서 중요한 의미를 갖는 물건이나 행동은 무엇인가요?

STORY 2

달라도 너무 다른 부부의 세계

'따로 또 같이'라는 말을 아시죠? 부부에게 해당하는 딱 맞는 표현이 아닐까 합니다. 부부는 각자이기도 하면서 함께인 존재라는 것입니다. 많은 부분이 같거나 닮았으면서도 많은 부분이 너무 달라서 고민이기도 합니다. 혼자라서 외로웠는데 결혼하니 함께라서 괴로운 일이 생기기도 합니다. 그래서 결혼이란 기대 못지않게 각오도 필요한 것이지요. 오죽하면 결혼을 무덤에 비유하기도 할까요? 인생 선배들의 대다수가 가능하면 결혼은 늦게 하라고 조언하는 현상은 무엇을 말하는 것일까요? 카라멜 마키아또처럼 마냥 달달하기만 한 것이 아닌 결혼의 실체에 돌직구를 날리는 것입니다.

옛말에 짚신도 짝이 있다고 하지만 그 짝이 내 마음에 꼭 맞는 최상의 대상이라는 것은 아닙니다다. 세계적인 신학자이면서 본인의 결혼 생활이 그야말로 파란만장했던 듀크대학교의 스탠리 하우어워스 교수는 '아무도 결혼 상대를 속속들이 알 수 없으며 다만 그렇다고 생각할 뿐'이라고 했습니다. 결혼이란 부적절한 요소를 가진 상대방과 할 수밖에 없는 것으로 인식해야지 완전무결하게 내 마음에 들어맞는 상대를 기대하는 것은 비현실적이라는 의미입니다. 애초에 내 마음에 꼭 맞는 상대는 존재하지 않는다고 생각하는 것이 현명합니다. 다만 내 마음에 들지 않는 그 부분까지도 있는 그대로 받아들이는 것이 성숙한 결혼이라는 것이지요.

동백꽃이 왜 빨간색인지 아시나요? 수많은 색깔 가운데 왜 하필 빨간색일까요? 제가 난센스 퀴즈로 낸 질문이니 너무 심각하게 고민하지 않아도 됩니다.

정답은 이미자의 〈동백 아가씨〉란 노래에 있습니다. '그리움에 지쳐서 울다 지쳐서 꽃잎은 빨갛게 멍이 들었소.' 얼마나 그 사람이 그리웠으면 빨갛게 멍이 들도록 애가 탔을까요? 연애 시절에는 정말이지 눈에 아무것도 안 들어옵니다. 오로지 그 사람 생각뿐이지요. 이성이 잠시 마비되는 것은 뇌과학적으로도 밝혀진 사실입니다. 연애 당시의 뇌는 마치 술에 취한 상태와 유사하다는 것입니다. 그러니 빨갛게 멍이 들 정도가 되는 것이지요.

그렇게 멍이 들도록 사무쳤던 그 사람과 드디어 결혼을 하면 온 세상을 얻은 것 같지 않겠습니까? 그런데 그 시간은 얼마 못 가서 끝이 나고 맙니다. 안 보이던 것이 보이기 시작하고 없던 일이 생기면서 시댁과 처가라는 주변 환경조차 두 사람을 덮쳐오는 현실의 결혼을 호되게 경험하게 만듭니다. 이게 아닌데 하는 황당함과 뭐가 잘못된 것인지 모를 혼란이 밀려오게 되는 것이지요. 내가 저런 사람을 어쩌다가 사랑했으며 평생을 함께하자고 선택했다는 말인가 하는 후회나 분노가 치밀기도 합니다. 하지만 누구를 탓할 상황도 아니기에 더욱 절망합니다. 선택은 본인이 했으니 말입니다.

사랑이 어떻게 변할 수 있느냐는 어느 드라마 속의 외마디 외침처럼 왜 저렇게 사람이 달라졌는지 알 수가 없습니다. 하지만 달라진 부분도 있겠지만 원래부터 그런 사람임을 미처 몰랐던 것입니다. 어쩌면 알았더라도 연애 기간에는 해석 체계가 잠시 오작동을 일으켜서 무조건 좋게만 보였던 것일 수 있습니다. 설령 마음에 들지 않았더라도 너그럽게 지나쳐버린 것입니다.

정신의학자 레온 페스팅거는 '인간은 합리적인 존재가 아니라 합리화하는 존재'라고 했는데 여러 측면에서 공감이 가는 말입니다. 사귀면서 나름 알 만큼 안다고 합리적으로 생각했겠지만 보고 싶은 부분만 보았거나 보고 싶은 대로만 보았던 것임을 결혼 이후에나 알게 되는 것이지요.

다른 것이 나쁜 것은 아닙니다

통계청 자료에 의하면 2019년 우리나라 혼인 건수는 약 24만 건이고, 이혼 건수는 약 11만 건입니다. 단순히 이 수치만 비교해도 이혼이 얼마나 많은지 알 수 있습니다. 그렇게 신중하게 고민하고 피, 땀, 눈물 흘려가며 준비한 결혼이 왜 그렇게 많이도 깨지는 것일까요?

이혼 사유로 가장 많이 알려진 것은 여러분도 아시는 것처럼 성격 차이입니다. 그렇다면 성격이 같으면 이혼하지 않는 것일까요? 단지 성격이 달라서 이혼하게 된 것이란 말일까요? 성격 차이란 말을 한 번 더 생각하면 그것은 성격의 차이로 인한 갈등을 해결하지 못한 것입니다. 성격이 달라서가 아니라 그 다름으로 인한 마찰과 충돌의 파편들을 슬기롭게 처리하지 못했기 때문이란 말이지요. 결국 이것은 소통의 문제라고 하는 편이 더 낫습니다.

성격이 다른 것은 어쩌면 자연스럽고 당연한 일입니다. 오죽하면 세상에는 수많은 성격 유형 검사 방법이 있으며, 그 방법마다 수많은 처방전들이 있겠습니까? 모든 사람의 성격이 같다면 굳이 왜 그런 유형 진단이며 처방이 필요할까요?

다른 것이 정상인데 같아야 정상이라고 착각하는 기대 심리가 정상을 비정상으로 바라보게 만들어 부부 갈등에 기름을 붓는 것입니다. 나와 성격이 달라서 문제가 아니라 나와 맞지 않을 뿐임을 인식하고 수용하지 못하는 것이 문제입니다. 가수 이효리는 어느 방송에서 이렇게 말했습니다. '좋은 남자, 나쁜 남자가 있는 것이 아니라 나하고 맞는 남자, 안 맞는 남자가 있는 것'이라고.

그렇습니다, 맞고 안 맞고의 문제이지 좋고 나쁘고의 문제가 아닙니다. 그렇다면 상대방을 좋은 사람, 나쁜 사람의 프레임으로 볼 것이 아니라 안 맞는 부분을 어떻게 조율할 것인지의 프레임으로 바꾸는 것이 슬기로운 결혼 생활의 핵심입니다.

여기에서 조율이란 나와 상대방 모두의 지혜와 협력이 필요한 것이지 일방적으로 상대방을 뜯어 고치는 것이 아닙니다. 상대방을 고치려는 시도 자체가 상대방의 잘못이라는 판단을 한 것이므로 옳지 않습니다. 조율은 양방향적이어야 합니다. 인간관계가 어려운 이유는 일방적이면 안 되기 때문입니다. 항상 상호성을 바탕으로 상대방뿐만 아니라 나 자신도 돌아봐야 하기에 쉽지 않은 것입니다.

〈1호가 될 순 없어〉라는 예능 프로그램이 있습니다. 개그맨 부부 1호인 최양락, 팽현숙 부부를 비롯하여 모두 세 쌍의 부부가 출연하는데 재미있는 것은 우리나라에서 이혼율 0%인 집단이 바로 개그맨 부부라는 점입니다. 연예인들의 이혼은 일반인보다 많은 편으로 인식되는데 유독 개그맨 커플은 32년째 이혼이 한 쌍도 없었다는 점에 주목하여 시작한 프로그램입니다. 지금까지 개그맨 커플 가운데 이혼이 안 나온 이유는 '누구도 개그맨 이혼 커플 1호가 되기 싫어서'라는 설정으로 시작했다고 합니다. 아무튼 일상이 코미디인 개그맨 커플들의 삶을 관찰하는 프로그램을 보고 있자면 그들도 일반인과 전혀 다를 바 없는 평범한 부부일 뿐이란 생각이 듭니다.

사소한 생활 습관의 차이로 인해 투닥거리기 일쑤입니다. 방송과는 전혀 다른 원래의 성격 때문에 서로 부딪히기도 하고, 늘 남을 웃기는 유머계의 어벤저스 같지만 의외로 예민하고 무뚝뚝한 성격 탓에 부부 싸움에 불을 지피기도 합니다. 그들이라고 남다르게 성격이 일치하거나 갈등의 원인이 전혀 없기 때문이 아닙니다. 밖에서는 그렇게나 밝고 남을 웃기는 삶을 사는데 정작 집에서는 부부 사이가 건조하고 데면데면하기까지 합니다. 늘 적극적이고 긍정적인 행동만 하는 듯했는데 집에서는 불평과 불만을 여과없이 쏟아내고 배우자에게 상처를 주기도 합니다. 그래서 서로에게 같은 말을 하게 됩니다. 밖에서 남들에게 하듯 해보라고요.

밖에서 하는 행동과 집에서 하는 행동이 다른 경우가 많습니다. 밖에서는 뭐든지 괜찮다고 합니다. 어떤 음식도 맛있다고 합니다. 누가 실수라도 하면 그럴 수 있다고 너그럽게 넘어가거나 심지어 위로와 용기를 주기도 합니다. 그런데 집에서는 전혀 다른 사람이 되니까 상대방은 더욱 화가 납니다. 왜 남에게는 그렇게 다 맞춰주고 융통성 있게 받아주면서 나에게는 이렇게 빡빡하게 대하냐는 것입니다. 남만도 못하게 대우받는 자신이 서글프기까지 합니다. 이게 부부냐고 목소리를 높이지만 서로 마찬가지라며 쳇바퀴 도는 듯한 지루한 대화는 좀처럼 접점을 찾지 못합니다.

부부의 개취 존중과 실존주의

나에게 가장 상처를 주는 사람은 나와 가장 가까운 사람인 법입니다. 그래서 가족이 좋으면서도 어려운 관계입니다. 부부는 말할 것도 없지요. 가까운 사이에는 기대치가 있기 때문입니다.

남이라면 별 기대가 없기에 서운할 것도 없고 크게 신경 쓰지 않고 넘어갈 수 있습니다. 하지만 부부는 그게 안 됩니다. 극히 사소한 부분도 마음에 걸리고 신경이 쓰여서 불편하기 마련입니다. 어쩌면 이런 불편함이 있기 때문에 부부 사이의 발전과 조화를 이뤄가는 것인지도 모릅니다. 너무나 잘 알고 가까운 사이기에 남모를 기대가 스며든 것입니다. 남이라면 몰라도 '당신은 나한테 이 정도는 해줘야지' 하는 기대 말입니다. 그런데 그 기대가 순전히 내 기준이므로 배우자는 자칫 그 기대 수준을 잘못 이해하기 쉽습니다. 여기에서 갈등이 시작되는 것이지요.

부부는 왜 이렇게 서로의 기대 수준과 이해 정도가 다른 것일까요? 우선은 원래 다른 사람이었기 때문입니다.

사람은 누구나 자신만의 기질이 있습니다. 타고난 기질은 어떻게 해도 안 바뀝니다. 이미 유전적으로 내재된 고유의 기질은 바꿀 대상이 아니라 존중해야 할 대상입니다. 대부분의 부부가 싸우는 이유는 이 기질적 차이를 불만으로 해석하고 지적하면서 어떻게든 바꾸려고 하기 때문입니다. 아무리 부모라도 내 자녀의 기질적 특성은 어떻게 못 하는 법인데 배우자의 기질을 탓하는 것은 무모한 일입니다. 기질이란 그 사람 고유의 특성이라고 이해하고 받아들이되 슬기롭게 대응하는 요령을 터득해야 합니다.

부부가 너무도 다른 또 하나의 이유는 경험의 차이 때문입니다. 결혼 전까지 살면서 서로가 경험한 삶의 히스토리가 다릅니다. 서로의 원가정 문화가 달랐고, 그에 따른 생활 습관이 달랐습니다. 자라면서 경험한 환경의 특성이 달랐고, 사람들과 관계를 맺는 방식이 달랐습니다. 인생의 고비마다 문제를 해결하는 과정과 방식이 달랐고, 속마음을 드러내고 공유하는 형태가 달랐습니다. 이렇게 모든 것이 달랐던 삶의 경험을 가진 두 사람이 부부가 되었다고 갑자기 상대방의 방식을 이해하거나 따라 하게 되지는 않습니다. 우선은 불편하고 어색한 마음이 들게 되는 것이 당연합니다. 그 불편함을 일단은 부드럽게 품에 안는 것이 필요합니다. 그리고 잠시 생각하는 것이지요.

붕어빵을 머리 쪽부터 먹든지, 꼬리 쪽부터 먹든지 그게 무슨 상관입니까? 아이스크림을 빨아 먹든지, 깨물어 먹든지 그게 무슨 큰 일이랍니까? 감자를 삶아서 설탕을 찍어 먹든, 소금을 찍어 먹든 부부의 인생에 무슨 대수입니까? 여러분은 탕수육을 먹을 때 부먹입니까, 찍먹입니까? 모처럼 기분 좋게 탕수육을 시켜놓고 부먹이냐, 찍먹이냐로 기싸움 할 일입니까? 그냥 앞접시에 반반 나눠서 각자의 취향대로 맛있게 먹으면 될 일이지요.

이게 바로 '개취 존중'의 시대, '싫존주의' 시대를 사는 지혜가 아닐까요? 개인의 취향을 존중하고 상대가 싫어하는 것도 존중하는 것이 요즘 시대의 흐름입니다. 모든 일에 옳고 그름을 따질 일이 아니라는 것입니다. 뒤에서도 이야기하겠지만 부모가 자녀에게도 이런 시대 정신으로 대해야 통하는 부모와 자녀의 관계를 만들 수 있습니다.

내 기준으로 판단하면 이해가 안 되지만 그게 그 사람의 취향이고 선택이라면 일단 존중해주는 마음이 관계의 끈을 단단하게 만듭니다. 존중이 선행되어야 그다음에 대화가 이어질 수 있습니다. 부부 사이에서 대화가 안 된다고 힘들어할 때에는 우선 서로에 대해 존중하는 마음을 점검해보시기 바랍니다.

결혼 준비 과정에서 서로의 인생 그래프를 그리면서 삶의 이력을 공유하고 미래의 그래프를 그려보는 일이 중요한 것은 바로 이런 차이를 충분히 인식하고 대응하기 위함입니다.

결혼하고 나서 예전과 달라졌다고 속상해하거나 다투는 또 하나의 원인은 나 같기를 바라는 마음 때문입니다. 우리나라 사람들이 대인관계에서 가장 상처받고 힘들어하는 이유가 바로 내 맘 같지 않은 사람들 때문입니다. 결국 타인이 내 마음 같기를 바라는 그 마음이 나를 힘들게 하는 것입니다. '어떻게 당신이 그럴 수가 있어'라는 생각이 나를 힘들게 합니다. 그럴 수도 있다고 생각해야 하는데요.

나에게 당연한 일도 누군가에게는 불편한 일

서양 사람들은 개인주의 환경에서 성장하고 살다 보니 나와 타인이 다른 것에 익숙합니다. 성장 과정에서 교육 방식도 서로 다름을 놓고 토론을 벌이면서 차이를 받아들이고 접점을 찾는 훈련에 익숙합니다. 그런데 우리나라는 집단주의 분위기가 강한 환경에서 살다 보니 모두가 나 같기를 바라는 마음이 큽니다. 우리는 하나라는 전통적 사상에 물들어서 나와 다른 것에 익숙하지 않고 불편합니다.

사실은 집단주의보다 관계주의가 더 맞는 표현일 것입니다. 우리는 타인과의 관계에 크게 영향을 받으며 살고 있습니다. 저 사람이 나를 어떻게 생각할까, 저 사람과 관계가 흔들리면 어쩌나, 내가 누구하고 이런 사이야 하는 관계 지향적 사고를 합니다.

우리 부부는 왜 이렇게 맞는 구석이 하나도 없이 달라서 만날 싸우는지 고민되신다면 어떤 삶의 여정을 걸어왔는지 서로 되짚는 시간을 만들어보세요. 왜 다를까 따지기보다는 어떻게 다른지를 확인하는 것입니다. 그리고 상대를 수용하는 열린 마음을 가져보세요. 일단 상대를 바라보는 기준을 바꾸면 훨씬 편안해집니다.

잠깐 동안 함께할 사이라면 겸손해야 합니다. 그런데 오랫동안 함께할 사이라면 더 겸손해야 합니다. 겸손이란 나를 낮추는 비굴함이 아니라 상대방을 높이는 우아함입니다. 부부의 다름에서 존중과 겸손의 싹을 틔우고 키워가면 좋겠습니다.

저는 매사에 미리 빈틈없이 준비해야 안심이 되는 성격입니다. 반면 제 아내는 그런 준비와 꼼꼼하게 챙기는 것을 귀찮아합니다. 늘상 제가 다 준비하니까 믿고 맡기는 타입이지요. 그래서 여행이라도 한번 가려면 저는 틈틈이 사전 조사와 일정 짜기부터 예약까지 다 혼자 하게 됩니다. 28년을 살면서 여행 계획과 준비는 항상 제가 담당하다 보니 때로는 왜 나만 이렇게 미리 고생해야 하는지 짜증이 나기도 합니다. 여행 중에도 머릿속으로 온통 일정을 생각하고 안내하는 가이드 역할 때문에 즐기기보다 부담을 느낍니다. 그런데 그게 경험의 차이고 기질의 차이라는 생각을 하니 제가 마음을 바꾸게 되었습니다.

저는 결혼 전부터 여행이나 출장을 많이 다녔던 경험 때문에 그런 사전 준비와 계획이 익숙한데 아내는 그렇지 않았습니다. 그리고 기질적으로도 저는 미리 준비해야 직성이 풀리는데 아내는 느슨한 기질입니다. 집에서도 저는 물건을 제자리에 둬야 마음이 편한데 아내는 일단 사용하고 보는 타입입니다. 주방에서 요리를 하고 난 뒤에는 제가 한번 둘러봐야 할 때가 많습니다. 온갖 뚜껑은 다 열려 있거나 도구들이 널려 있으니까요. 화장실에 휴지가 떨어지면 열에 열한 번은 제가 갈아 끼웁니다. 아내는 일단 들어갔다가 휴지가 없다고 가져다 달라는 쪽입니다.

처음엔 이런 부분이 마음에 안 들어서 다투기도 했습니다. '무슨 여자가…'라는 말을 운운하면서 짜증도 냈었습니다. 하지만 나와 생활 습관이 다르다고 틀린 것은 아닙니다. 각자의 성향대로 어울려 사는 방법은 얼마든지 있으니까요.

내가 옳다는 기준을 내려놓으면 방법이 보이기 시작합니다. 도저히 불편하다 싶으면 제대로 대화를 하면 됩니다. 그런데 부부가 너무 편한 사이가 되어버리면 이런 과정을 생략하고 싶은 마음에 짜증부터 내는 것입니다. 내가 당연하다고 생각하는 행동을 누군가는 이해가 안 되고 불편하다고 생각할 수도 있음을 기억하면 가정과 세계의 평화가 성큼 다가옵니다.

Q 각자 배우자의 기질적 특성을 세 가지만 적어서 맞는지 서로 확인해보세요.

Q 우리 부부의 기질적 차이는 어떤 것이 있는지 비교해보세요.

Q 서로의 차이 때문에 마음이 상하거나 갈등이 생겼을 때 좋은 방법은 무엇일까요?

STORY 3

행복과 불행은 한 끗 차이

왜 결혼을 하느냐고 묻는다면 뭐라고 대답하겠습니까? 아마 다양한 대답이 나오겠지만 그래도 빠지지 않을 대답은 '행복하기 위해서'가 아닐까요? 어쩌면 삶의 가장 궁극적인 목적도 행복이 아닐까 싶습니다. 이렇게 우리의 삶에서 행복은 피할 수 없는 명제입니다. 특히 부부의 행복은 두 사람에게만 한정된 것이 아니고 양가의 가족들을 비롯해서 자녀의 인생에도 매우 커다란 영향을 준다는 점에서 의미가 남다른 것입니다.

그렇다면 행복한 삶을 위해서 행복에 대한 인식을 올바로 갖는 것이 중요하겠지요? 다 아는 것 같지만 대체로 잘 모르는 것이 행복의 의미입니다.

우리는 보통 '누구누구는 잘 산다'고 표현합니다. 여기에서 잘 산다는 것은 돈이 많다는 의미입니다. 그런데 돈이 많은 것과 잘 사는 것은 꽤 다른 문제입니다. 아무리 돈이 많아도 전혀 행복하지 못해서 결국 이혼하는 커플이 얼마나 많습니까? 잘 살지 못하니까 이혼하는 것인데 돈이 많으면 잘 산다고 퉁쳐서 이야기하는 세상이 되었습니다. 이제 잘 사는 것과 부자로 사는 것은 구별해야 합니다. 부자로 사는 것도 중요하지만 행복하게 잘 사는 것은 더 중요한 문제입니다.

긍정심리학자 마틴 셀리그만은 '행복은 관계에서 온다'고 했습니다. 사람을 행복하게 하는 것은 다름 아닌 사람입니다. 마찬가지로 사람을 가장 힘들게 하고 불행으로 몰아넣는 존재도 사람입니다. 부부의 행복도 초기에는 재정적인 여유에서 오는 듯하지만 살아가면서 서로의 관계가 행복을 만든다는 것을 느끼게 됩니다.

물론 생계가 위협받는 수준의 재정 상태라면 이야기가 달라지지만 기본적으로는 관계가 행복을 만듭니다. 오죽하면 성경 잠언에도 다투는 여인과 큰 집에서 함께 사는 것보다 움막에서 혼자 사는 것이 낫다고 했겠습니까? 또한 마른 떡 한 조각만 있더라도 화목한 것이 육선(고기 반찬)이 집에 가득한 채 다투는 것보다 낫다고도 했습니다.

대개 재정적으로 넉넉하면 마음도 넉넉해져서 서로의 관계가 좋아진다고 생각하기 쉽습니다. 하지만 안타깝게도 꼭 그렇지는 않습니다. 아무리 돈이 많아도 부부 사이가 극심한 갈등으로 이어지는 일이 비일비재합니다. 그러니 행복한 부부가 되려면 재정적인 관리도 중요하지만 서로의 관계에 대한 노력이 반드시 필요합니다.

우선은 두 사람의 직접적인 관계 문제에 초점을 맞춰야 합니다. 그리고 두 사람 주변인과의 관계 문제에도 신경을 써야 합니다. 때로는 두 사람은 문제가 없는데 주변인들과의 관계로 인해 갈등이 생기는 일도 있습니다. 주로 시댁과 처가의 친인척들이 그들입니다.

행복한 사람의 긍정 정서

케임브리지대학교의 연구에 의하면 행복을 구성하는 요소로 세 가지가 있다고 합니다. 긍정 정서, 몰입, 의미가 그것입니다.

행복한 사람은 기본적으로 긍정 정서를 갖고 있습니다. 이것은 무조건적인 낙관론을 뜻하는 것이 아닙니다. 사물이나 현상을 바라보는 시각이 기본적으로 왜곡되거나 오염되지 않은 상태를 말합니다. 같은 일도 유난히 부정적으로 해석하는 사람이 있습니다. '왜 하필 나에게 이런 일이, 나는 하는 일마다 꼭 이 모양이더라, 나는 원래부터 이 꼴이지' 등으로 해석하는 사람은 긍정 정서와는 거리가 먼 것입니다. 행복한 삶을 위해 다른 요소보다 먼저 갖춰야 할 기본이 바로 긍정 정서입니다.

앞서 언급한 마틴 셀리그만은 긍정 정서와 몰입, 그리고 의미에 더하여 관계와 성취의 중요성을 강조했습니다. 그래서 이 다섯 가지 요소를 갖추면 행복을 넘어선 웰빙의 삶이 된다고 주장했습니다. 이것이 그 유명한 긍정심리학의 기초가 되는 '팔마PERMA'입니다.

그에 따르면 인간은 행복을 넘어선 웰빙의 삶을 살아야 한다고 합니다. 어찌 되었든 행복이나 웰빙을 위해서는 긍정 정서가 중요합니다. 이것은 돈의 문제가 아닙니다. 단순히 감정의 문제도 아닙니다. 감정이 표면에 보이는 작은 파도라고 한다면, 정서는 그 밑바닥에 흐르는 커다란 물줄기를 말합니다. 행복한 관계를 만들려면 바로 이 정서가 중요하다는 것입니다.

그 사람의 정서 상태에 따라서 말과 행동이 결정됩니다. 부정 정서를 가진 사람은 말과 행동이 부정적이고 공격적이 됩니다. 현명한 의사 결정을 하기도 어렵습니다. 한편 긍정 정서를 갖게 되면 공연한 피해 의식도 없고 평온한 상태에서 상황을 받아들이기 때문에 합리적인 판단을 할 수 있습니다. 그래서 다른 사람을 대할 때도 억지를 부리지 않게 됩니다. 부부의 행복을 위한 기초 공사는 이렇게 서로 긍정 정서를 갖는 사람이 되는 것입니다. 물론 결혼 전에 긍정 정서를 가진 사람을 만나는 것이 가장 좋지요. 하지만 결혼 이후에도 긍정 정서를 강화하려는 노력을 해야 합니다.

긍정 정서를 방해하는 중요한 원인은 다음과 같습니다.

우선 완벽주의입니다. 뭐든지 완벽하지 않으면 심기가 불편한 사람은 긍정 정서가 쉽게 고갈됩니다. 세상에 완벽함은 없다는 생각이 필요합니다. 이만하면 됐다는 생각이 정서적 편안함을 가져다줍니다.

이분법적 사고도 문제입니다. 세상을 '모 아니면 도'라고 생각하는 사람은 어디서든 싸움을 할 확률이 높습니다. 세상 일이란 게 이것 아니면 저것으로 나누기 어려운 부분이 차고 넘친다는 사실을 알아야 합니다. 부부 사이의 일은 더 말할 것도 없습니다. 이럴 수도 있지만 저럴 수도 있다는 통합적 사고가 필요합니다.

어떤 특정한 일을 두고 마치 모든 일이 그렇게 되는 것으로 해석하는 과잉 일반화도 좋지 않습니다. 어쩌다 이번 일만 이렇게 되었다고 생각하며 넘기는 것이 좋습니다.

행복을 만드는 처방전

살다 보면 일이 힘든 것보다 사람이 힘든 것이 더 괴롭습니다. 관계에서 오는 스트레스를 줄이려면 때로는 적당한 거리를 두고 지켜보는 것도 필요합니다. 부부 사이에도 가끔은 각자의 공간에서 떨어져 지켜보아야 하는 것입니다. 집을 나가야만 가능한 것도 아닙니다. 서로의 배려 가운데 잠시 혼자만의 공간에서 생각을 정리하거나 다른 일에 주의를 집중하다가 다시 대화를 하는 것이지요. 이것을 시간과 공간의 '케렌시아'라고 합니다. 투우가 투우장에서 잠시 숨을 고를 수 있도록 마련한 장소를 케렌시아라고 합니다. 부부에게도 각자의 케렌시아가 긍정 정서 향상에 도움을 줍니다.

역지사지의 입장 바꿔 생각하기도 또 하나의 좋은 방법입니다. 비록 배우자의 행동이 괘씸하게 느껴지더라도 잠시 그 사람의 입장이 되어보는 것입니다. 억지로라도 상대방의 입장이 되어서 생각을 해보면 그 나름의 이유와 합리성을 깨닫게 됩니다. '지금의 나로서는 받아들이기 어렵지만, 그럼에도 저 사람의 입장에서는 저렇게 할 수도 있겠구나' 하며 관점의 전환과 경험의 공감을 시도해보는 것이지요.

퇴근 후 함께 이야기도 하면서 다정한 시간을 갖자고 말해도 소파에 쓰러져 도무지 반응이 없을 때가 있습니다. 그런 상황에서 공연히 사랑이 식었느니, 사람이 변했느니 해봐야 감정만 더 상하게 됩니다. 그럴 때 상대방의 입장이 되어보는 것입니다. '코로나 때문에 회사 분위기도 뒤숭숭한데 온종일 얼마나 스트레스가 심했을까', '원래부터 집에서 뒹구는 것을 좋아했는데 요즘 마음 편히 쉬지도 못하는 일정이었지' 등으로 상대의 입장을 짚어보는 것이지요. 사실 나도 저런 상황에서는 만사가 귀찮고 잠이나 자고 싶은 적이 있었다고 스스로에게 적용하는 수준까지 가면 더 좋습니다.

자기중심적인 사람은 누구와도 좋은 관계를 만들지 못합니다. 상대방의 입장이 되어 생각해볼 수 있는 상호중심적인 사람이 되어야 합니다. 지나치게 많이 받고 자랐거나 너무 없이 자랐을 경우 자기중심적인 사람이 됩니다.

자기밖에 보지 못하는 사람은 부부 사이도 힘들게 만듭니다. 상대방의 입장은 도무지 이해가 안 되기 때문에 말이 안 통하기도 합니다. 부부 사이에서 가장 위험한 신호는 대화가 안 통해서 벽을 보고 사는 느낌입니다. 이때부터는 서로가 무관심해지고 밖에서 관심을 찾기 시작하면서 결정적인 사건이 터지게 되지요. 그러고는 상대방 탓을 하게 됩니다.

행복한 부부는 긍정 정서가 풍부한 부부입니다. 좋은 환경과 스펙도 행복을 만들지는 못합니다. 두 사람이 얼마나 긍정 정서를 나누고 살아가느냐가 관건입니다. 그렇다고 부부 사이에 부정적인 생각이나 감정이 전혀 없을 수는 없습니다. 행복한 부부도 얼마든지 다투면서 상처를 주고받을 수 있습니다. 하지만 긍정 정서가 충분하면 어렵지 않게 사태를 정리하고 서로를 향한 좋은 감정과 감사의 마음을 회복할 수 있는 것입니다.

내가 이렇게 해줬는데 당신은 왜 그렇게 못 해주느냐면서 득실을 따지기 시작하면 끝이 없습니다. 너무 정확하게 계량적으로 비교하여 각자 할 일을 구분하는 것도 별로 좋지 않습니다. 행복한 부부는 5 대 5가 아니더라도 크게 개의치 않습니다. 그것보다는 부부가 정서적으로 존중받고 평등하다고 느끼는 것이 더 중요합니다.

행복은 달성해야 할 결과물이 아닙니다. 삶에서 느끼고 만족하는 과정이 행복인 것입니다. 그러니까 딱히 어떤 상태가 되거나 무엇을 성취해야 행복한 지경에 이를 것이라는 생각을 버려야 합니다. 부부가 살면서 그저 매 순간을 어떤 마음으로 받아들이고 가슴에 담으면서 기쁨과 보람을 느끼고 감사를 표현하는가의 모든 과정이 행복인 것입니다.

그렇다면 행복한 과정을 경험하기 위해서는 먼저 불행을 피하려는 노력이 있어야 하겠습니다. 불행하지 않은 상태를 먼저 만들어야 그다음에 행복감을 느끼는 순간을 맞이할 수 있겠지요.

부부의 자존감과 화법

부부 사이의 불행은 비교에서 옵니다. 결혼 전과 비교하고, 다른 부부와 비교하며, 꿈꾸는 미래의 모습과 비교하면 불행해집니다. 비교하는 마음에는 욕심이 있기 마련입니다. 내가 더 만족하려는 욕심 말입니다. 그런데 그 욕심은 계속 커지기 때문에 멈춰지지 않습니다. 그러니 불행한 마음이 계속 생기는 것입니다. 비교하지 않으려면 있는 그대로를 수용하면 됩니다. 이것을 자존감이라고 합니다.

많은 부모들이 자녀에게 자존감을 키워주려고 난리입니다. 우리나라는 가히 자존감 열풍이고 과잉이라고도 할 수 있습니다. 그런데 정작 부모 자신은 자존감이 바닥입니다.

자존감은 본인을 위해서도 필요하지만 상대방과의 건강한 관계를 위해서도 중요합니다. 자존감이 낮은 사람은 기본적으로 대인관계에 서툴기 때문입니다. 자신감이 있다고 자존감이 높은 것은 아닙니다. 자신감은 특정한 능력이 일정 수준 이상이라는 것이지만, 그렇다고 자기의 존재 자체에 대한 만족감이 높은 것은 아닙니다.

자존감은 말 그대로 스스로의 존재 의미와 가치에 만족하고 수용하는 마음을 말합니다. 때로는 역량이 부족하더라도 그 자체가 나의 모습이라는 생각으로 받아들이는 것이 자존감입니다.

자존감이 낮으면 부부 사이에도 지나치게 예민하고 부정적인 반응으로 서로 상처를 주고받기 쉽습니다. 당연히 행복감도 느끼지 못하게 됩니다. 요즘 많은 자기계발 서적이나 강의를 통해 자존감 향상에 대해 배우는 일이 일상화되었습니다. 그런데 자칫 자존감을 높인다는 것을 자기 최면을 거는 것으로 오해하면 안 됩니다. 스스로에게 '나는 참 괜찮은 사람'이라고 아무리 주문을 걸어도 잠시뿐입니다. 진정으로 자존감을 높이려면 추가적으로 필요한 것이 있습니다. 바로 의미 있는 타인이 필요합니다. 나를 진짜로 인정하고 받아주는 누군가의 지지가 필요합니다. 배우자에게 "당신은 모든 면에서 뛰어나서가 아니라 그냥 당신이기 때문에 좋아"라는 말을 듣는 것이 중요합니다.

부부가 서로의 자존감을 높이도록 지지하고 돕는다면 적어도 불행한 부부는 되지 않습니다. 최소한의 노력으로 우선 불행하지 않은 부부가 되어보세요. 그래야 그다음 단계인 행복한 부부로 발전하게 됩니다. 서로에게 의미 있는 타인이 되어 자존감을 높이도록 돕는 좋은 방법은 칭찬과 감사입니다.

칭찬이 무조건 고래를 춤추게 하지는 않습니다. 올바른 칭찬이 춤을 추게 만드는 것입니다. 능력이나 결과, 외모를 칭찬하는 것은 위험합니다. 오히려 상대방의 부담을 유발하기 때문입니다. 칭찬은 상대방의 의도, 생각, 과정에 초점을 맞춰야 합니다. 결과와는 상관없이 말입니다. "당신은 못하는 게 없어"보다는 "당신이 나를 위해 힘든데도 애써주니 너무 좋아"라고 하는 것이 진짜 칭찬입니다.

〈1호가 될 순 없어〉라는 예능 프로그램에 출연한 팽락(팽현숙-최양락) 부부는 저녁을 먹다가 심하게 다투게 됩니다. 퇴근해서 돌아온 아내가 저녁 준비를 하며 고기도 굽고 찌개도 두 가지나 끓이면서 각종 밑반찬들을 꺼내놓습니다. 밥은 돌솥밥으로 준비하고요. 자연히 시간이 많이 지나면서 남편은 슬슬 짜증이 나기 시작합니다. 고기와 김치 하나면 충분한데 뭐 그렇게 요란스럽게 하느냐고 투덜댑니다. 한 시간 반 정도 걸려서 차린 저녁 식탁에서 아내는 어색해진 분위기를 애써 돌려보려고 이런저런 이야기를 하지만 남편은 이미 짜증을 내기 시작한 터라 무반응입니다. 그리고 아내에게 본인이 요리사인 것을 티 내려고 이렇게 오버했다며 결정타를 날리고 맙니다.

자, 이 순간 아내는 어떻게 반응했을까요? 물론 시간은 제법 걸렸지만 일과 가사를 병행하며 바쁘게 살고 있는 아내로서는 남편에게 오랜만에 근사한 저녁상을 차려주려는 의도를 무시당한 처지가 울컥했습니다. 그래서 비속어를 섞어가며 남편에게 분노를 표출하게 됩니다.

여기에서 우리가 알아야 하는 것은 마음이 불편한 상황에서의 첫마디는 매우 치명적이라는 것입니다. 평소에는 물론이고 부정적인 상황에서의 첫마디는 신중하고 부드럽게 하는 것이 매우 중요합니다. 팽락 부부는 시종일관 날카로운 비난 투의 말을 내던지듯 표현하니까 분위기가 아슬아슬했던 것입니다.

부부관계 연구의 세계적인 권위자로 알려진 존 가트맨 박사에 따르면 부부 사이를 행복하게 만드는 부드러운 첫마디는 불만을 말하되 비난하지 않는 표현이랍니다. "도대체가 집안일에 눈곱만큼도 관심이 없어!"라고 비난하지 말고, "거실 정리를 하겠다는 약속을 안 지켜서 속상해"라고 말해야 하는 것입니다. 무엇이 못마땅한지는 분명하게 말하되 상대를 비난하지 않는 것이 포인트입니다. 그리고 요구 사항을 무례하지 않으면서도 구체적으로 말해야 하는 것입니다. "애 좀 똑바로 봐!"라는 표현보다

"아기 목욕을 시키고 기저귀 좀 갈아주면 좋겠어"라는 표현이 훨씬 잘 통한다는 것이죠.

비록 속이 상하고 화가 나더라도 상대를 비난하는 것 자체가 목적은 아닐 것입니다. 나의 마음을 효과적으로 전달하여 받아들이게 만드는 것이 행복한 부부의 비결입니다. 불행한 부부는 갈등 상황에서 이성을 잃고 상대를 비난하는 데 몰두합니다. 나중에 후회할 말도 서슴지 않고 내뱉습니다. 어떻게 하면 상대를 더 심하게 상처 줄 것인가에 매달리는 모습입니다. 그래서 상대방이 화해의 제스처를 보내와도 무시하거나 알아차리지 못하고 공격만 해댑니다. 팽락 부부도 중간에 화해의 신호가 몇 번 있었지만 남편은 이미 화가 나서 삐친 상태라 제대로 받아주지 않았기에 결국 파국으로 치달았던 것입니다.

상대를 비난하면서 부부 싸움을 하다가 중간에 나오는 화해의 신호를 받아주지 않는 부부의 이혼 확률은 무려 90%에 이른다는 가트맨 박사의 연구를 소홀히 넘겨서는 안 됩니다. 갈등 상황에서 화해의 신호를 놓치지 않으려면 평소에 상호 신뢰가 있어야 합니다. 그리고 부부간의 애착이 중요합니다. 평소에 서로 배려하고 존중하는 습관을 가진다면 이런 화해 신호를 잘 활용할 수 있게 됩니다. 그리고 소소한 일에도 감사를 표현하는 부부는 긍정 정서가 풍부해져서 배려와 존중의 에너지를 상승시켜줍니다. 긍정심리학의 연구에 따르면 인간의 행복에 가장 큰 영향을 주는 요소는 '감사'라는 사실을 기억하기 바랍니다.

Q 우리 부부의 긍정 정서 지수는 1에서 10으로 표현한다면 어느 수준일까요?

Q 나만의 케렌시아는 어느 시간, 어느 공간인가요?

Q 부드러운 첫마디를 위해서 우리 부부가 사용하면 좋은 표현은 어떤 것이 있나요?

STORY 4

부부의 우아한 언어 생활

철학자 칸트는 '여자는 결혼으로 자유를 얻지만 남자는 결혼으로 자유를 잃는다'고 했습니다. 어떤 이는 결혼 반지를 수갑 차는 것에 비유하기도 하는데, 결혼에 대한 남성 중심의 시각을 볼 수 있는 웃픈 사례가 아닌가 합니다. 반대로 독박 육아, 독박 살림 등의 신조어를 생각하면 여성이 결혼에 상대적으로 유리하다거나 혜택을 본다고 말할 수는 없을 것입니다. 결혼을 어느 한쪽의 이익이나 손해라는 대결 구도로 바라본다면 결코 행복해질 수 없겠지요.

일본의 컨설턴트 오츠카 히사시는 '결혼이란 자신의 영역으로 배우자를 불러들이는 것이기 때문에 일종의 사회화'라고 정의했습니다. 저는 이런 접근이 훨씬 더 합리적이라고 생각합니다. 부부가 되어 행복한 가정을 만들어가는 과정은 결코 간단치 않습니다. 그래도 행복한 부부가 되는 현명한 선택을 할 기회는 많이 있습니다. 문제는 그 기회를 어이없게 날려버리거나 보지 못하고 고집을 피우는 일이 있어서 안타까울 뿐입니다.

우선 행복한 부부는 인생의 좋은 기억에 주목합니다. 과거의 어떤 경험에서 좋았던 기억을 많이 간직하고 있는 것입니다. 그리고 비슷한 상황이라도 좋게 해석하는 경향이 강해서 시간이 지나고 보면 대개 좋았던 일들이 많았다고 느끼는 것입니다. 반면에 불행한 부부는 좋았던 일조차 나쁘게 기억하고 있는 특징이 있습니다. 생일 이벤트로 즐거웠던 일은 기억하지 못하고 파티를 마치고 돌아오는 길에 말다툼한 일만 기억하는 식이지요.

행복한 부부일수록 과거의 긍정적인 추억을 생생하게 기억합니다. 신혼 초기의 기분 좋았던 어떤 일을 나도 모르게 미소가 나올 만큼 어제 일처럼 선명하게 기억하는 부부의 행복 지수는 높을 수밖에 없습니다. 하지만 불행한 부부는 불과 얼마 전의 좋았던 일조차 기억에서 가물가물합니다. 실제로 긍정적인 추억이 얼마나 많이 있는가보다 더 중요한 것은 그 기억이 얼마나 생생한가입니다.

부부의 행복한 삶을 위해 간단하면서도 매우 결정적인 영향을 주는 것은 서로에 대한 긍정적인 추억을 생생하게 간직하는 일입니다. 과거의 어느 시점을 떠올리고도 긍정적인 기억이나 감정이 전혀 없다면 이미 위험 신호인 것입니다. 단지 기억력이나 나이 탓이 아닙니다. 아무리 오래된 일이라도 행복한 부부는 또렷하게 기억을 되살리며 긍정의 감정을 느낍니다.

사람의 기억이란 왜곡되기 쉽습니다. 따라서 자신의 기억이 절대적으로 옳다고 주장하는 것은 좋지 않습니다. 그렇기 때문에 나쁜 기억보다 좋은 기억을 생생하게 많이 간직한 부부가 행복할 수 있다는 것입니다.

추억으로 만드는 부부의 행복

인지 치료법의 일종으로 우울증이나 무기력에 빠지지 않도록 돕는 효과적인 접근법이 있습니다. 그것은 부부가 서로에 대해 긍정적인 감정을 가질 수 있는 부분을 수시로 찾아보는 것입니다. 아주 단순하고 사소한 것도 괜찮습니다. 배우자의 어떤 점이 긍정적으로 해석될 수 있는지를 스스로 생각하고 마음에 새기는 것으로도 충분합니다. 요즘 배우자에 대해서 불만이 많거나 스트레스를 느끼는 부부라면 상대방의 부정적인 면이 부각되도록 뇌가 작동하고 있는 것입니다. 이런 상황의 부부는 이 방법을 반드시 적용하고 연습해서 긍정적인 추억의 생동감을 회복하지 않으면 위험합니다.

행복한 부부의 우아한 언어 생활은 긍정의 단어를 사용하는 것입니다. 이들은 조금 못마땅한 상황도 긍정의 단어로 바꾸어 표현합니다. 반대로 불행한 부부의 언어 생활은 공격적이고 비난 투가 많습니다. 남들은 좋게 보는 부분도 굳이 부정적으로 비꼬는 경향이 있습니다. 아무리 긍정적인 면을 말해줘도 수용하지 못하고 상대방 탓을 합니다.

말을 바꾸면 행동이 바뀌고 관계가 바뀌는 법입니다. 비가 쏟아져도 그 속에서 낭만을 찾고 기분 좋은 일을 만드는 사람이 있는가 하면, 쾌청한 날에도 애먼 트집을 잡고 짜증을 내는 사람이 있습니다. 과연 누가 행복한 관계를 만들 수 있을까요?

의도적으로 자신의 마음을 긍정적으로 해석하고 습관화하는 사고방식을 갖는 것은 본인의 정서적 안정감을 위해서는 물론이고, 부부 사이의 행복한 관계 형성을 위해서도 꼭 필요한 일입니다. 어렵게 생각할 것 없습니다. 당장 배우자의 장점을 떠올려보십시오. 장점들이 가볍게 꼬리를 물고 생각이 난다면 평소 서로의 관계가 좋거나 긍정성이 강한 것입니다. 밥을 잘 먹는 남편, 어떤 일이든 싫다는 말보다 좋다고 말을 해주는 아내. 이것은 대단한 장점인데도 의외로 많은 분들이 당연한 일이라며 장점으로 생각하지 않습니다.

우리의 삶에서 당연한 일은 없습니다. 당연함을 한 번만 다시 바라보면 감사하는 마음이 나옵니다. 이렇게 생각을 조금만 바꿔서 배우자의 장점을 찾아보고 말로 표현하면 되는 것입니다. 관점이란 세상을 바라보는 방식이라고 했습니다. 그 방식을 바꾸면 세상이 다르게 보입니다.

세상을 바꾸는 것이 아니라 자신의 관점을 바꾸는 사람이 되어야 합니다. 소심해서 답답하다고 생각하지 말고 신중해서 큰 실수가 없는 장점으로 받아들이면 좋습니다. 도무지 걱정도, 근심도 없는 천하태평이어서 진지함이 없다고 생각하지 말고 스트레스 내성이 강해서 좀처럼 무너지지 않는 장점으로 해석하는 것입니다.

여기에서 생각할 부분은 장점과 강점은 다르다는 것입니다. 강점은 누군가와 비교할 때 나오는 개념입니다. 그러니까 강점은 적어도 이 점은 누구보다 낫다고 생각되는 수준일 때 말하는 것입니다. 하지만 장점은 다릅니다. 비교 대상이 없습니다. 그저 자신에게 있는 좋은 점입니다. 내가 보기에 상대방의 어느 부분이 좋아 보이면 그게 장점입니다. 그러니까 배우자의 장점을 찾을 때 어렵지 않아야 합니다. 단점을 찾으라면 쉬운데 장점을 찾으라면 어려운 이유는 강점과 혼동하기 때문입니다. 그리고 과소평가해서 넘겨버리기 때문이지요.

물론 인간은 진화심리학적으로 부정적인 부분에 예민하게 되어 있습니다. 부정적인 부분에 민감하게 반응해야 생존에 유리하기 때문이지요. 따라서 웬만하면 부정적인 면이 더 쉽게 부각되는 원리를 생각해서라도 의지적으로 긍정적인 면을 찾는 연습이 필요합니다.

배우자의 장점을 찾았다면 그 장점을 활용할 기회를 만들어줘야 합니다. 그리고 그 장점을 통해 내가 받은 혜택이나 좋았던 점을 생각하는 것입니다. 가장 좋은 것은 부부가 서로 대화하면서 이렇게 찾은 장점을 서로 알려주는 것입니다. 왜 그것을 장점으로 선택했는지 이유나 배경을 말해주면 좋습니다. 이때 주의할 점은 배우자의 선택에 이의를 제기하거나 토를 달면 안 됩니다. 그냥 들어주면서 받아주면 됩니다.

부부의 우아한 소통법

부부의 대화는 생각처럼 쉽지 않습니다. 우선 함께 대화하는 시간이 터무니없이 부족합니다. 한 조사에 따르면 기혼자의 40%가량은 부부 사이의 대화가 하루 30분 이하라고 합니다. 그것도 돈과 관련된 집안일이나 아이들 일을 제외하면 실제로 부부 사이의 의미 있는 대화는 거의 없는 셈입니다.

1부에서 결혼을 준비하면서 해야 할 일들을 살펴보았듯이 결혼을 하면 부부가 서로의 가치관이나 삶에 대한 개인적인 이야기를 충분히 나눠야 행복해집니다. 살면서 발생하는 현실적인 문제에 대한 이야기는 부부의 대화가 아닙니다. 직장에서도 하루 종일 업무에 관한 이야기만 하는 조직은 대인관계와 조직문화에 문제가 발생합니다. 하물며 부부는 어떻겠습니까?

부부는 생활 주제의 소통은 물론이고, 정서 주제의 소통을 빼놓으면 안 됩니다. 요즘은 스마트폰의 발달로 상호 소통의 수단과 기회가 훨씬 증가했지만 정작 스마트한 소통은 점점 줄어드는 현실입니다. 부부가 잠들기 전에 잘 자라고 인사하거나 아침에 일어나서 잘 잤는지 인사하는 경우가 얼마나 될까요? 매일 보는 부부끼리 무슨 인사냐고 하겠지만 이렇게 매일의 가벼운 인사와 소통이 우아한 부부의 언어가 됩니다.

처음부터 대단한 화법이 있는 것이 아닙니다. 소소하게 아침 인사를 나누고, 낮에 카톡이나 문자로 일상을 나누는 부부가 오히려 심오한 부부의 소통을 이어가게 되는 것이지요.

자녀들과의 대화는 어떻습니까? 평소에 사소하더라도 자주 대화하는 부모 자녀 사이에는 심각한 주제의 대화도 어렵지 않습니다. 하지만 평소에 얼굴 대하기도 어렵고 말 한마디 주고받기 힘든 관계에서 정색을 하고 대화를 하자고 한들 이미 정서적으로 연결되지 않은 상태라서 어려운 것입니다. 그래서 소통은 관계라는 것입니다.

친한 친구일수록 평소에 작은 일도 자주 소식을 전하고 대화를 나누지 않나요? 그런데 그런 친구가 실제로 만나면 더 할 말이 많은 것입니다. 정말 오랜만에 만난 친구와 할 말이 더 많을 것 같지만 막상 그런 친구는 처음에 통상적인 한두 가지 이야기를 하고 나면 할 말이 없고 서먹한 것이지요. 부부도 마찬가지입니다.

부부가 우아하게 대화를 이어가려면 알아야 할 원칙이 있습니다. 우선은 진정성이 보여야 한다는 것입니다. 비록 짧게 대화를 하더라도 대화의 질이 중요합니다. 진정성을 갖고 대화에 임하는 모습을 상대가 느끼도록 해야 합니다.

대화는 말로만 되는 것이 아닙니다. 시선과 표정이 매우 중요합니다. 그리고 배우자의 말에 대한 리액션이 중요합니다. 반응이라고 해도 되는데 굳이 리액션이라고 한 것은 그 단어의 느낌을 강조하고 싶어서입니다. 귀찮은데 어쩔 수 없이 마주하고 이야기한다는 느낌을 주면 안 됩니다. 배우자의 이야기를 귀로는 듣는데 리액션이 영 시원찮으면 그것도 역효과입니다. 부부가 대화하는 시간 동안은 오로지 상대방에게만 집중하고 진심을 보여야 합니다.

부부의 대화는 충고와 평가의 시간이 아닙니다. 때로는 좋은 의도로 대화를 시작했다가 결국엔 싸움으로 번져서 다시는 대화고 뭐고 하지 말자는 부부가 있습니다. 이런 경우의 대화를 들여다보면 대개 상대방에게 가르치는 투의 충고나 상대방에 대한 평가의 말이 가시가 되어 상처를 주었기 때문입니다. 배우자가 특별히 조언이나 해결 방안을 요구하지 않는 한 그냥 들어주고 공감하면 됩니다.

우아한 대화의 핵심 원칙은 공감이 충고보다 우선해야 한다는 점입니다. 공감이란 무조건 동의하는 것이 아닙니다. 상대방의 입장과 감정을 충분히 이해한다는 표현입니다. 그러니까 배우자가 하는 말에 동의하기 어려운 부분이 있더라도 공감은 할 수 있어야 하는 것입니다.

부부는 한편임을 느껴야 행복합니다

부부는 한편이 되어야 합니다. 인생을 살면서 내 편인 사람 한 명을 찾아 결혼을 한 것인데, 말끝마다 이성적이고 객관적으로 분석하고 따지면서 이래라 저래라 말하는 배우자가 예뻐 보이겠습니까? 판단은 나중이고 한 편으로서의 공감이 먼저입니다.

행복한 부부가 되려면 상대방의 마음에 드는 일을 하기 전에 일단 배우자가 싫어하는 일을 안 하는 것이 중요합니다. 아무리 상대가 좋아하는 일을 하더라도 결정적으로 배우자가 질색하는 일을 한다면 그동안의 이벤트는 물거품이 되기 때문입니다. 특히 남편들이 이런 이치를 잘 몰라서 쓸데없이 돈과 시간을 들여 서프라이즈 이벤트만 하다가 정작 아내의 심기를 건드려서 본전도 못 찾고 미운 털이 박히는 일이 많습니다.

배우자에게 한편이라는 지지와 안정의 신호를 먼저 보내고 나면 대화의 신뢰가 생깁니다. 토니 험프리스라는 심리학자는 '사랑과 자비는 집 안에서 시작한다'고 했습니다. 가정 안에서 부부 사이, 부모 자녀 사이의 관계가 불안정하면 집 밖에서의 일들은 무의미하다는 것입니다. 집 밖에서 타인에게는 잘하는데 가족에게는 불만족스럽게 하는 배우자가 더 큰 갈등을 만드는 법이지요. 그래서 부부의 대화에서는 우선 공감의 표현이 중요하다는 것입니다. 최고의 위로는 공감이라는 말이 있듯이 특별한 위로의 말을 하려고 고민하지 말고 제대로 공감해주면 됩니다.

특히 배우자가 슬픔이나 분노 등의 부정적 감정을 느끼는 상황이라면 어떻게 반응하고 위로할지 신경이 쓰이게 마련입니다. 이런 경우에 주의할 점은 섣불리 위로하지 않는 것입니다. 아무리 부부라도 배우자의 마음 깊은 곳을 다 살펴볼 수는 없습니다. 따라서 배우자의 감정을 빨리 누그러뜨리거나 솔루션을 제시하려고 하지 말아야 합니다. 또는 배우자의 기분을 풀어주려고 진정하라면서 대수롭지 않은 듯 행동하거나 억지로 유머를 던지는 등의 행위도 좋지 않습니다. 그냥 일단 듣고 이해하는 수준에서 멈춰야 합니다.

"뭐, 그런 일로 그렇게 난리야?", "그 정도는 누구나 겪는 일이니 괜찮아", "금방 괜찮아질 거야" 등의 표현은 자칫 상대방의 상처를 건드리거나 별일 아닌데 호들갑이라는 인상을 줄 수 있습니다. 혹은 자신의 마음을 도통 몰라주는 답답한 사람으로 비칠 수도 있으므로 좋지 않은 표현입니다. 중요한 것은 일의 경중이 아니라 배우자의 마음을 이해하고 한편이 되어 공감하는 것임을 잊지 말아야 합니다.

슬픔은 위로를 통해 기쁨으로 치유되고 회복됩니다. 그런데 위로는 공감이라는 수단을 통해 힘을 발휘하는 것이죠. 조정민 작가는 위로란 "힘내"라고 말하는 것이 아니라 "힘들지?"라고 묻는 것이랍니다.

배우자의 속상하고 힘든 이야기를 들으면서 나도 겪어봐서 다 아는데 별것 아니라는 식으로 반응하면 매를 버는 행동입니다. 배우자의 이야기를 듣고 나서 곧바로 "중요한 것은 그게 아니고 말이야"라면서 본인의 이야기를 풀어가며 탁월한 해결책을 늘어놓는 것도 마찬가지입니다.

당신에게 힘든 일은 나에게도 힘든 일이라는 동지 의식을 보여줘야 합니다. 배우자의 상황이 충분히 속상하고 힘들 수 있다고 받아줘야 합니다. 그리고 배우자가 하는 말 가운데 중요한 단어나 표현을 되받아서 반복하며 경청해야 합니다. "당신네 팀장의 고집 때문에 일을 그르쳤단 말이지?"라고 반복해서 말하는 것만으로도 배우자는 이해받고 공감받는 느낌에 마음의 안정을 되찾기가 수월해지는 것입니다.

적절한 질문으로 배우자가 더 쉽고 편하게 속마음을 드러내도록 이끌어줘도 좋습니다. 이때의 질문은 개방형 질문이어야 효과적입니다. 상대방이 단답형이 아닌 서술식으로 말할 수 있는 질문 말입니다. "지금 당신이 가장 속상한 점은 뭐지?", "당신의 솔직한 느낌은 무엇인지 이야기해줄래?" 등의 질문이 개방형 질문입니다. 이러한 개방형 질문을 통해서 배우자가 좀 더 깊이 있는 이야기를 꺼낼 기회가 생기며, 대화가 단절되지 않고 상호 관심 속에서 이야기가 이어지게 됩니다. 대화 도중에 이해가 안 되거나 논리성이 부족한 부분이 있더라도 다그치지 마세요. 부드러운 말투와 진정성 있는 표정이 뒷받침되지 않으면 대화는 겉돌기 때문입니다.

가장 피해야 할 것은 배우자를 나무라고 지적하는 말과 행동입니다. "당신은 이런 일이 벌써 몇 번째야?", "그 정도 일로 뭘 그렇게 요란이냐?" 등의 말은 아무리 옳은 말일지라도 관계에 독이 되는 말입니다. 설령 비슷한 일로 여러 번 반복해서 어려움을 호소하더라도 배우자에 대한 애정과 관심에는 변함이 없음을 확인시켜주는 것이 필요합니다. 배우자의 사소한 일상이 나에게는 귀찮은 일이 아님을 알려주는 것만으로도 효과는 만점입니다.

인간 중심 상담으로 유명한 칼 로저스가 유능한 상담가의 조건으로 '무조건적인 존중과 공감적 이해'를 꼽는 이유를 생각해보면 좋겠습니다. 행복한 부부의 우아한 언어 생활은 서로를 판단하지 않고 이해와 공감으로 다가설 때 완성되는 것입니다.

Q 우리 부부가 처음 만났을 때의 첫인상은 어땠는지 기억하나요?

Q 지금까지 서로에게 가장 좋았던 기억은 무엇인가요?

Q 배우자가 가장 싫어하는 행동이나 상황이 무엇이라고 알고 있나요?

Q 서로에게 위로가 되는 말이나 행동은 무엇인가요?

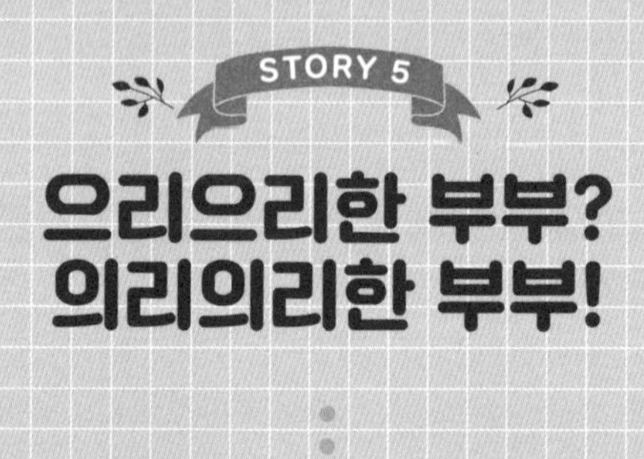

STORY 5

으리으리한 부부?
의리의리한 부부!

"중학생 시절, 집으로 가는 할아버지의 뒷모습이 이상하게 잊히질 않는데 바로 그 장면의 제목이 내겐 '서글픔'이다. 서글픈 누군가는 슬픈 누군가, 서러운 누군가와 달리 본인 스스로는 정작 슬프지 않을 수도 있는 가능성이 열려 있다. 서글픔에는 왠지 모르게 그 풍경에서 느껴지는 애틋한 아픔이 담겨 있다. 즉, 나의 감정이 개입된 말인 것이다. 그렇기 때문에 누군가를 서글프게 본다는 문장에는 이전의 히스토리가 담겨 있다. 이미 그 사람을 소중하게 여기는 마음이 없다면 느낄 수 없는 감정이니까."

김이나 작가의 책 《보통의 언어》에 나오는 한 부분입니다.

누군가의 뒷모습에 서글픔을 느낀다는 장면이 제 가슴으로 훅 들어왔습니다. 나의 뒷모습에서는 어떤 감정을 느낄까, 우리 부부의 뒷모습은 어떤 감정을 불러일으킬까, 신혼이 있다면 노년도 있을 텐데 어떤 감정의 뒷모습을 만들어가야 할까 등의 연속 사진 같은 생각들이 딸려 올라왔습니다.

분명한 것은 노년의 부부는 따뜻하고 행복한 뒷모습이길 모두가 꿈꾼다는 것입니다. 그렇게 황금빛 찬란한 오래된 미래를 그리며 푸릇한 청춘의 남녀가 서로 한편이 되어 그 긴 세월을 무심하게 걸어가는 것입니다. 그들은 그 후로 오래오래 행복하게 살았노라며 말이죠.

100세 시대를 살아가면서 되묻지 않을 수 없는 질문은 '장수가 과연 축복인가?' 하는 것입니다. 무병장수라면 모를까, 유병장수의 시기는 본인과 가족에게 적지 않은 시련과 고통의 시간일 수 있기 때문입니다. 그럼에도 부부는 오래도록 함께 살기를 바라는 마음일 것입니다.

애정이 돈독한 부부일수록 어느 한쪽이 먼저 세상을 떠나면 그 상실감이 너무나 크게 마련입니다. 그래서 죽음을 놓고도 서로 바라는 소원을 빌고 비는 노년 부부가 많습니다. 모든 일은 끝이 좋아야 아름다운 법이지요. 장례식에 사용할 노래나 종교 음악을 미리 지정해서 남기는 분들도 있으니 잘 산다는 것에는 잘 죽는 것도 포함되지 않을 수 없나 봅니다.

아름다운 노년의 부부가 되려면 단단한 우정의 기반이 필요합니다. 중년을 넘어서는 시기부터는 뜨거운 애정으로 살기보다 든든한 우정으로 살아가는 것입니다. 그렇다고 애정을 버리라는 것이 아닙니다. 다만 어느 시기가 되면 애정이 우정으로 승화되는 경험을 하게 되는데 이런 부부가 대체로 오래 행복합니다.

오리건대학교의 로버트 바이스 교수는 '긍정적 감정 우세'라는 개념을 이야기합니다. 'Positive Sentiment Override'라는 말인데, 'PSO'라고 부르기도 합니다. 오래 행복한 부부는 결혼 기간 내내 부정적 감정을 월등하게 압도하는 긍정적 감정을 경험하고 쌓아둔다는 것입니다.

상호 신뢰에 기반한 단단한 우정이 자리 잡은 부부는 일상에서 갈등이나 부정적 상황이 발생하더라도 크게 흔들리지 않습니다. 평소에 쌓아둔 긍정적 감정이 별일 아니라는 신호를 보내면서 부드럽게 넘어가도록 돕기 때문입니다. 마치 누구보다 신뢰하고 끈끈한 인간관계를 맺어온 믿을 만한 친구는 가끔 짜증스러운 목소리로 무엇인가 요구해도 크게 기분이 나쁘거나 화가 나지는 않는 것과 같은 이치입니다.

기본적으로 서로에 대한 깊은 우정을 느끼는 부부는 웬만한 일에는 감정이 상하거나 왜곡된 해석으로 상처를 주고받지 않습니다. 상대방에게 뭔가 사정이 있으려니 하는 마음의 여유와 신뢰가 작동하기 때문입니다.

부부의 행복은 우정의 무대를 든든하게

18평 아파트에서 시부모와 함께 살면서 신혼을 시작한 제 아내가 28년간 좋은 일만 있었겠습니까? 요즘처럼 며느리를 딸같이 대하며 살갑게 대해주는 시부모가 아닌 다음에야 어떻게든 충돌과 갈등이 있는 것은 불 보듯 뻔한 일입니다. 제가 그런 산전수전과 공중전을 넘어서 생화학전까지 온몸으로 겪었기에 지금 이렇게 책을 쓰고 상의하는 입장이 된 것입니다. 물론 아내의 고충과 마음고생, 몸고생 또한 책 한 권 분량이 부족할 것입니다. 아내와 시부모의 갈등이 있는 한 부부 사이가 평화롭기는 불가능합니다.

그런 아내가 요즘 종종 제게 하는 말이 있습니다. 그동안 살아온 날들을 생각하면 눈물 뿌렸던 아득한 일들이 여전히 생각나지만, 그래도 버틸 수 있었던 것은 남편인 제가 한편이 되어준 덕분이랍니다. 완벽하게 한편이 되어주지는 못했지만 그래도 한편이 되려는 마음을 느꼈기에 고통의 파편이 추억의 퍼즐로 변했다고 말합니다.

적지 않은 세월을 부부로 살면서 매 순간을 행복하게 해주기는 불가능합니다. 그런데도 행복한 추억으로 살아가는 것은 배우자와의 관계가 긍정적인 기억으로 더 많이 채워졌기 때문입니다.

부부의 긍정성이 높은 수준으로 세팅되어 있으면 웬만한 부정성이 부부의 행복한 관계를 비집고 들어오지 못하는 것입니다. 따라서 평소 부부의 긍정적 경험 공유가 매우 결정적인 역할을 한다고 하겠습니다. 비록 사소한 것이라도 긍정의 경험을 축적하려는 노력을 게을리하지 않으면 일단 유사시 부정적 감정이 올라오는 순간에 긍정적 에너지가 상황을 억제하게 하는 것이죠. 삶의 지혜는 불행을 멈추게 하는 것이 아니라 불행 속에서도 건강한 씨앗을 심는 데 있다고 《새는 날아가면서 뒤돌아보지 않는다》라는 책에서 류시화 작가는 강조합니다.

이렇게 단단한 우정에 기반한 행복한 결혼 생활을 위해서는 부부가 서로를 잘 알아야 합니다. 서로에 대한 이해 수준이 높아야 PSO를 경험하면서 살 수 있습니다.

부부 세미나에서 서로에 대해 얼마나 알고 있는지 질문하면 대체로 잘 안다고 대답합니다. 그러나 막상 진단이나 분석의 실제는 매우 다른 결과를 보게 됩니다. 다 아는 것 같지만 안다고 착각할 뿐입니다. 좋아하거나 싫어하는 음식도 잘못 알고 있고, 가보고 싶은 여행지도 모르고 있기 쉽습니다. 부부의 단단한 우정은 이런 점들을 세세하고 정확히 아는 것에서 시작됩니다.

평소에 서로 마음을 터놓고 이야기하는 경험치가 쌓이지 않으면 서로를 제대로 알기 어렵다는 것을 인식해야 합니다. 단순히 어떤 팩트만을 아는 것을 넘어서 배우자의 정서적 차원까지 이해하고 존중하는 부부가 행복한 노년을 보내게 됩니다.

평생을 부부로 살면서 서로를 존중하고 배려하는 일상의 작은 행동에 익숙한 부부는 다소 언짢은 일이나 짜증에도 강한 회복탄력성을 보이게 됩니다. 반대로 일상에서 상대를 무시하고 비난하는 부부는 작은 마찰에도 곧장 부정적인 감정의 불길로 번져서 걷잡을 수 없는 지경에 이르게 됩니다. 나중에 돌아보면 별것도 아닌 일이 그렇게 일을 키웠다는 사실에 서로 어이없어하지요.

부부의 애착과 안전 기지

나이를 먹을수록 시간이 빨리 지난다고 느낍니다. 언제 우리 나이가 이렇게 되었나 싶은 순간이 훅 하고 들어옵니다. 누구나 노년을 맞게 되는데 우리 모두는 어제보다 노인인 셈이지요.

그렇게 서글피 노년이 된 부부가 자녀들을 다 내보내고 둘이서 빈 둥지를 지키며 살아야 하는데 친밀감이 없다면 그런 삶은 젊은 시절보다 훨씬 힘이 듭니다. 육체적으로도 약해졌겠지만 심리적으로 젊은 시절보다 여리고 약해져서 삶의 고통이 더 크게 느껴지는 시기입니다. 이때 필요한 것이 배우자와의 친밀감이고 애착입니다.

이런저런 이유로 힘들고 상처받아 심신이 아프더라도 배우자로 인하여 안정감을 느끼며 지지와 공감, 그리고 사랑을 받는 사람은 다시 일어설 힘을 얻게 됩니다. 치유와 회복의 동력이 되는 부부간의 애착은 이렇게 서로에게 안전 기지로서의 역할을 하는 것입니다. 배우자로 인한 안전 기지를 확보한 사람은 어떤 난관이 닥쳐와도 맞설 용기와 자신감을 갖게 되지요. 당연히 자존감도 높아지는 효과가 있습니다. 인생을 살면서 으리으리하게 폼 잡으며 살고도 싶겠지만 부부 사이의 의리의리로 사는 것에는 비할 바가 아닙니다.

이렇게 중요한 부부의 애착이 형성되지 않는 것은 이기심 때문입니다. 누구나 '나'부터 해달라고 합니다. 자기중심적인 인간 본연의 욕구가 있기 때문에 어른이나 아이나 마찬가지로 '나'를 먼저 챙기게 됩니다. 그러니 배우자에게 먼저 다가가거나 배려하는 모습을 보이기 쉽지 않은 것이지요.

또 하나는 애착을 형성할 마음과 시간의 여유 없이 살기 때문입니다. 당장의 일에 파묻혀서 주변을 돌아볼 여유조차 없는 경우입니다. 본인은 최선을 다해서 열심히 사는데 점점 부부 사이가 멀어지고 불편해지다가 뒤늦게 폭발하는 것입니다. 이러면 통장의 잔고는 늘어도 정서적 잔고는 고갈되므로 부부 중 누구도 행복하지 않게 됩니다.

마지막으로 애착의 방식을 모르는 경우입니다. 애착은 '접근-반응-교감'의 3단계로 진행이 됩니다.

접근이란 상대방과의 불편한 상황에서 생길 수 있는 부정적 감정을 조절하여 그 상황을 이해해보려는 의지를 보여주는 것입니다. 아무리 오래 같이 살았어도 부부가 마냥 좋기만 할 수는 없습니다. 그런 상황에서도 툴툴거리며 불편한 감정만 드러내지 말고 감정을 다스리면서 다가서는 모습을 보이는 것입니다. 그리고 반응은 상대방의 욕구나 두려움을 알아채고 공감하며 위로와 관심을 보여주는 것을 말합니다. '뭐, 그런 것 가지고 속 좁게 삐치느냐'고 비난하지 말고 배우자의 마음을 이해하고 안심시키는 것입니다. 이런 과정을 통해서 부부가 서로 친밀감과 신뢰를 쌓으며 감정의 교류를 원활하게 하면서 애착은 강화됩니다.

부부는 서로 원하는 것이 다른 존재입니다. 이것은 남성과 여성의 근본적인 차이라고 할 수 있습니다. 남편은 인정과 존재감을 원한다면, 아내는 애정과 관계의 욕구가 강합니다. 한마디로 남편은 '공간'을 원하고, 아내는 '공감'을 원한다고 할 수 있지요. 이렇게 서로 무엇을 원하는지 제대로 알고 그 욕구를 존중하며 충실하게 채워주도록 노력하는 일관성이 있어야 합니다. 그리고 서로에게 안전 기지 역할을 하려면 배우자의 취미나 활동에 지지를 보내는 것이 좋습니다.

무조건 부부가 같은 취미를 가져야만 행복한 것은 아닙니다. 같은 취미를 가져도 참여 방식이나 취미에서 찾는 가치가 다르면 다툼의 원인이 됩니다. 또 서로 다른 취미를 가져도 충분히 배려하고 지지하면 애착이 강화됩니다. 배우자에게 관심을 보이고 호기심을 잃지 않음을 알려주는 행동도 도움이 됩니다.

부부의 애착은 네 가지 유형으로 분류됩니다. 안정형, 몰두형, 회피형, 두려움형이 그것입니다.

안정형은 자신과 상대방에 대해 긍정적일 때 가능합니다. 세상은 안전하고 믿을 만하다고 생각하므로 친밀한 유대감을 형성하게 됩니다.

몰두형은 타인은 긍정적으로 생각하는데 자신은 부정적으로 생각하는 타입으로 타인에게 지속적으로 사랑을 확인받으려는 성향이 강합니다.

회피형은 자신은 긍정적으로 생각하는데 타인은 부정적으로 생각합니다. 그래서 상대방이 사라져도 상처를 덜 받으려면 집착하지 않아야 한다고 여기는 타입입니다.

자신과 타인 모두를 부정적으로 생각하는 두려움형은 혼자서는 외롭지만 함께 있으면 괴로운 타입이라서 누군가와 친밀감을 갖기 어려운 경우입니다.

우리 부부의 애착 유형을 서로 확인하고 공유하면 배우자의 행동을 이해하는 데 도움이 됩니다. 요즘은 검색만 하면 간단히 애착 유형 진단 툴이 나와서 활용할 수 있습니다.

일리노이대학교의 크리스 프랠리 교수는 불안과 회피 성향을 기준으로 유형을 분류합니다. 그 점수의 높낮이에 따라서 불필요한 걱정이나 상대방에게 버려지지 않을까에 대한 두려움을 알 수 있고, 타인에 대한 의존성을 통해 남에게 마음을 여는 정도를 가늠하게 됩니다. 이런 종류의 유형 분석과 결과를 바탕으로 부부가 평상시 서로에게 하는 말과 행동의 배경과 이유를 짚어보는 것도 건강한 부부의 우정을 만들어가는 데 참고가 될 것입니다.

노후가 의리의리한 부부

지금은 평생 직장이 사라진 시대입니다. 그래서 노년의 부부가 가장 신경 쓰는 부분도 노후 대책이 아닐까 싶습니다.

기업에서 은퇴 준비 과정에 대해 강의를 하다 보면 대부분 연금이나 재테크 문제에 가장 관심이 많습니다. 이것도 당연히 준비해야 하지만, 결코 소홀히 하면 안 되는데 너무도 쉽게 생각하는 점이 바로 부부 문제입니다. 아무리 재정적인 노후 대책이 마련되었어도 부부 사이에 금이 간 상태라면 심각한 문제로 이어져서 인생의 노년이 폭풍에 휩쓸릴 수도 있습니다. 가난, 질병, 무위와 함께 노년의 4중고를 이루는 것이 바로 외로움입니다. 외로움은 타인과 연결되고 싶은 유전적 반응인데, 특히 부부 사이의 외로움은 대인관계 중에서도 치명적인 문제라고 할 수 있습니다.

은퇴 이후의 삶은 모든 것이 변합니다. 출퇴근에서 자유로우니 우선 시간의 여유가 생깁니다. 막상 시간이 넘치도록 여유로우니 자연스럽게 부부가 함께 지내는 시간도 많아지는데, 이때 서로의 관계가 돈독하지 못하면 의외로 불편하고 다툼이 잦아집니다. 부부가 함께 시간을 보내는 방법이 익숙하지 못하면 부부임에도 어색하고 서로 안 맞는 부분이 노드라지게 됩니다. 직장에서 업무상 만나는 사람과는 또 다른 대인관계의 문제가 발생하는 것입니다.

남편은 아내와 함께 있으려고 하지만 아내는 혼자서 나다니고 싶어 합니다. 그래서 오래도록 행복한 부부 사이를 유지하려면 미리 부부가 함께 시간을 보내는 방법과 경험을 충분히 준비해야 합니다. 이것이 노후 대책의 우선 순위를 차지하면 나머지 노후 대책의 성공률이 높아집니다.

은퇴 이후에도 단단한 부부의 우정을 만들어가려면 서로에 대한 인식의 전환도 필요합니다. 요즘은 맞벌이 부부가 늘었어도 남편은 평생 가장의 짐을 지고 살았다고 느낍니다. 그래서 전통적인 가부장적 사고방식에 나도 모르게 젖어 있기 십상입니다.

아내를 대할 때 남편이 우선이고 아내는 뒤로 밀리는 위계적 상황을 만들면 안 됩니다. 특히 은퇴 이후에는 부부가 서로를 동등하게 존중하고 인정하는 태도가 자존감과 행복감에 영향을 미칩니다. 이제 더 이상 아내는 집사람이 아닌 시대입니다. 그냥 아내인 것입니다. 집사람이 아니라 아내로 부르고 대할 때 오래도록 평화가 유지될 것입니다.

아내는 남편의 퇴직을 단지 일상의 사건 하나로 생각하면 안 됩니다. 남편에게 퇴직이란 인생의 절정기가 끝났다는 상실감으로 다가오기 때문입니다. 번듯한 명함이 사라졌다는 것은 능력의 종말을 의미합니다. 남자는 본능적으로 능력을 인정받고 싶어 합니다. 그런데 능력을 펼치던 터전에서 강제로 철수당한 셈이니 그 충격은 예상보다 훨씬 큽니다. 은퇴 이후에 특별히 새로운 일을 시작하지 못하더라도 아내의 지지와 인정이 중요합니다. 사소한 말 한마디와 표정이 남편의 마음을 무너지게 만들 수도 있습니다. 그렇다고 과장되게 추켜세우거나 아부의 말을 하는 것도 역효과입니다. 담담하게 현실을 함께 나누며 그동안의 노고와 삶의 무게를 나눠지려는 팀워크가 필요합니다.

노후가 아름다운 부부는 지나온 삶의 여정에서 긍정적인 추억을 찾아내고, 다가올 미래의 삶을 차분하게 그려나갈 수 있어야 합니다. 인생의 가치관을 함께 나누고 점검하여 서로의 장점과 비전을 노련하게 활용하는 담담함이 있어야 합니다. 청춘의 시절과는 분명 다른 상황에서 청춘 못지않은 열정을 되살리며 비움과 채움을 실천하는 것입니다.

'Oldies but goodies'란 말이 있습니다. 대체로 오래되고 낡은 것은 가치가 떨어지는 법입니다. 하지만 사람은 나이를 먹더라도 오히려 가치로운 삶을 살 수가 있습니다. '오래되었지만 그래서 오히려 더 좋을 수 있다'는 것입니다. 삶의 방향을 가치에 두고 사는 노년의 삶은 충분히 가치를 더하는 법입니다. 노년의 부부가 성취에서 가치의 삶을 만들어가는 좋은 방법 하나는 배움의 문을 여는 것입니다. 정기적으로 무엇인가를 배우는 데 시간을 들이는 것만으로도 부부가 서로 이야기도 많아지고 나름 삶의 가치를 만들어가는 데 힘이 됩니다. 사이버 대학에서 젊은 시절에 못다 했던 공부를 시작하는 것부터 주민센터나 대형마트의 문화센터에서 관심 분야를 체계적으로 배우는 일, 그리고 지역마다 있는 복지센터에서 전문 강사와 함께 하는 다양한 프로그램까지 선택할 수 있습니다.

거창하게 배움의 문을 두드리지는 않아도 운동을 통해 노년의 몸짱이 되어 시니어 피트니스 대회에도 당당히 출전하는 멋진 사례도 참고해볼 만합니다. 이런 경우는 건강과 취미, 그리고 명예와 친구를 얻는 엄청난 효과를 만들 수 있습니다. 최근의 트렌드는 시니어 모델 선발 대회가 많이 개최된다는 것입니다. 패션에 관심 있는 시니어 모델 지망생들을 위한 훈련 코스도 쉽게 찾을 수 있는 시대입니다. 나이나 몸매 등에서 특별한 사람만 한다고 생각했던 모델을 노년에도 충분히 할 수 있는 길이 열려 있다는 사실도 지나치지 말았으면 합니다.

이렇게 노년의 부부가 각자의 취미와 관심을 되살려서 무엇인가 적극적으로 시도하고 배우며 함께 살아가는 모습이 진짜 행복한 부부로 서로를 연결해줍니다. 매일의 일상이 그저 무기력하고 지루하기만 한 상황에서의 부부는 스스로에게나 상대방에게 부정적인 감정이 쌓이기 쉽습니다. 무엇이든 정기적으로 하는 일이 있거나 호기심을 잃지 않는 삶의 태도가 긍정성을 강화하는 것입니다. 이런 부부는 어떻게든 상호 연결점이 생기고 공유할 부분이 있기 때문에 자연히 소모적인 갈등이 적게 마련입니다.

이제는 성취의 삶이 아닌 가치의 삶으로 방향을 재설정해야 합니다. 나이는 숫자에 불과하지만 나잇값 못하는 삶을 살면 안 됩니다. 노후에도 부부는 가장 친밀하게 신뢰를 바탕으로 연결되어야 합니다.

연결되었다고 저절로 소통이 되는 것은 아닙니다. 끊임없이 소통하고 공감하며 존중과 감사를 표현해야 합니다. 노년이 되어서 서로 자기만 우선시하고 자신의 주장만 한다면 젊은 시절보다 훨씬 더 갈등이 심해집니다. 그리고 나이 들어 늙은 몸과 마음을 무기력하게 바라보면 매사가 부정적으로 보입니다.

'나쁘다고 하여 베어버리려고 들면 들풀 아닌 게 없고, 좋다고 취하려 하면 꽃 아닌 게 없다'고 주자朱子는 말합니다. 비록 젊은 시절의 생동감은 없을지라도 노년의 부부가 서로를 어떤 시각으로 바라보느냐가 들풀인지 꽃인지를 결정합니다. 우리의 삶이 의리의리한 우정을 통해 소박하지만 아름다운 꽃과 같이 된다면 기꺼이 살아볼 가치가 있지 않을까요?

Q **우리 부부에게 긍정적 감정의 대표적인 사례는 무엇인가요?**

Q **배우자가 내 편이라고 느낀 때는 언제, 어떤 상황인가요?**

Q **각자의 애착 유형은 무엇이고, 배우자는 어떤지 비교해보세요.**

Q **노후의 삶에서 함께 만들어가고 싶은 비전이 있다면 무엇인가요?**

PART 3

어쩌다 부모

SKY大 보내려다 진짜 sky로 보냅니다

우리나라 부모 중 가장 행복한 부모는 어떤 사람일까요? 신경도 안 썼는데 SKY대학 척척 붙는 자녀를 두었거나 장학금으로 대학 다니다가 졸업하면서 대기업이나 공기업에 한 번에 합격하는 자녀를 둔 부모가 압도적으로 상위에 오릅니다.

족집게 입시 컨설팅을 받았다거나 얼마를 투자해서 그런 결과를 얻었다고 해도 부러울 텐데, 이런 부류의 부모는 특별히 한 것도 없는데 자녀가 알아서 다 해냈다고 얄미운 겸손함을 보입니다. 아무리 평정심을 유지하려 해도 순간 집에 있는 자녀의 얼굴이 떠오르며 화가 치솟기도 하지요. 그래서 친목 모임에 참석하여 누군가의 성공 사례를 듣는 것은 그 사례의 주인공 한 명을 제외하고 참석자 모두를 패배자로 만드는 어리석은 일입니다.

지난해 우리나라를 들썩이게 만든 〈스카이 캐슬〉이란 드라마가 있었습니다. 드라마가 현실과 다른지, 현실보다 한참 부족한지는 차치하고 우리나라의 입시와 교육 문제에 얽힌 이해관계에 대해서는 가히 공감력 만렙의 테마였음을 부정할 수 없습니다.

특히 드라마에 등장하는 부모와 자녀 사이의 애증관계는 때로는 숨이 멎고 가슴이 떨릴 정도였습니다. 스카이대학이 뭐라고 자녀를 죽음으로 모는 것이며, 사람이 괴물이 되어 오직 합격만을 위한 온갖 일탈과 불법도 마다하지 않는 것일까요? 결국엔 꽃다운 아이들이 스카이대학이 아니라 진짜 스카이(하늘나라)로 가버리는 안타까운 일들이 드라마 밖의 현실에서도 버젓이 일어나고 있으니 말입니다.

코로나 사태가 이렇게 장기화될 줄은 몰랐다고 너나없이 이야기합니다. 저도 마찬가지였습니다. 작년 3월부터 본격적으로 집회와 모임이 없어지면서 집합 교육도 제로 상태로 끊어졌지만 그래도 두세 달이면 회복되리라 생각했습니다. 그래서 제대를 앞두고 말년 휴가를 나온 첫째 아들과 모처럼 전국 여기저기를 사회적 거리두기 속에서 다니기 시작했습니다. 지금이 아니면 언제 우리 부자가 이렇게 함께 시간을 보내며 여행을 다니겠나 싶어서 매주 하루 이틀씩 전국의 외진 곳을 중심으로 다녔습니다. 생각해보면 그것도 인생의 좋은 추억이고, 다 큰 아들과 함께 행복했던 시간이었습니다.

코로나로 인해 원하지 않는 가족 간의 만남 시간이 늘어났습니다. 정상적이라면 바빠서 얼굴 보기도 힘든 가족끼리 돈독한 가족애를 나누는 시간이 될 것입니다. 하지만 많은 가정에서 갈등과 불화가 심각한 지경에 이르기까지 한 사례가 늘었습니다. 가족 간의 친밀감이나 소통이 개선되기는커녕 이전에 없던 문제와 충돌이 심화된 것입니다.

우리도 잘 아는 철학자 알랭 드 보통이 말했다시피 '가족이란 한 공간에 같이 산다고 되는 것이 아니라 공동의 가치를 추구하는 사이'여야 합니다. 그게 아니면 가족도, 가정도 아닌 그저 집구석일 뿐입니다.

부모와 자녀 사이도 마찬가지입니다. 서류상으로 맺어졌다고 부모와 자녀가 아니라 신뢰와 존중을 바탕으로 서로에게 사랑과 존경의 마음이 있어야 합니다. 한집에 산다고 모두 가족은 아닙니다. 가족은커녕 그저 동거인인 경우도 적지 않습니다. 특히 밀레니얼 세대나 Z세대에게는 전통적 부모와 자녀의 관계가 달갑지 않습니다. 내가 낳았다는 이유로 부모로서의 권리를 넘어 관리를 주장한다면 누구도 받아들이지 않을 것입니다. 세상이 말세가 된 것이 아니고 그렇게 진화하고 변화한 것임을 인식해야 동거인을 넘어서 부모와 자녀의 관계를 인정받게 됩니다.

VUCA 시대의 자녀 양육

4차 산업혁명의 시대라고 하는 현대 사회의 특징을 'VUCA뷰카'라고 합니다. 변동성volatility, 불확실성uncertainty, 복잡성complexity, 모호성ambiguity의 시대가 왔다는 새로운 세계관을 말합니다. 한마디로 세상의 변화가 심해서 모든 것이 불확실하고 애매하여 예측과 대응이 힘든 시대라는 것입니다. 예전처럼 단순한 일은 없고 매우 복잡하거나 모호한 일투성이라는 것입니다. 그런데 이런 뷰카의 시대를 사는 부모의 역할도 애매모호하며 복잡하기 짝이 없습니다. 자녀 양육도 뷰카의 시대를 맞이한 것입니다.

과거의 부모는 자신이 살아온 경험 속에서 자녀를 양육하면 별 탈이 없었었습니다. 주변에 참고가 되는 케이스가 많아서 문제 상황마다 해답도 쉽게 얻을 수 있었습니다. 하지만 뷰카의 시대를 살아가는 자녀와 부모는 무엇 하나 확실한 것이 없게 되었습니다. 확실하지도 않고 보이지도 않는 미래의 삶을 살아가도록 양육하는 부모 노릇이 쉬울 리가 없는 것이지요.

이미 부모 자신의 삶 자체가 뷰카의 시대를 맞아 뿌연 안개 속에서 흔들리고 있는데, 자녀 양육을 불이 환하게 켜진 활주로 끝을 보면서 가듯이 똑바로 갈 수는 없습니다. 예전처럼 양육의 원리와 방법이 확실하게 효과를 보장하는 시대도 아니기에 더욱 혼란스럽고 어렵기만 할 것입니다.

프랑스의 철학자 질 리포베츠키가 이야기한 '규율과 복종으로 이루어진 권위적인 부모'의 역할이 통하는 시대가 아닙니다. 자녀의 특성을 찾아내고 자율성을 촉진시켜서 행복하게 살게 하는 다정한 친구 같은 역할이 필요한 시대를 맞이한 것입니다.

그렇다고 이런 변화에 발맞춘 부모를 자녀들이 전적으로 좋아하고 따르느냐는 또 다른 문제입니다. 부모 자신은 경험해보지도 못한 친근하고 자율권을 보장하는 친구 같은 부모의 역할을 애써 배우고 노력하여 자녀에게 보여줘도 막상 자녀들은 배신감을 느낄 만한 행동과 반응으로 부모와 밀당을 하는 것이 현실입니다. 사실 굳이 친구 같은 부모가 되려고 애쓸 필요는 없습니다. 이미 자녀에게 친구는 따로 있으니 부모는 다정한 롤모델이 되어주는 것이 더 낫습니다.

피아니스트에서 택배기사가 된 아들

저에게 결혼 2년 만에 얻은 첫째 아들은 누구라도 그렇겠지만 삶의 희망이고 기쁨이었습니다. 대개 첫째 아이는 부모 노릇이 처음인 초보 부모에게 최고의 투자 대상입니다. 기왕이면 좋은 육아 제품으로 선택하고, 기왕이면 좋은 어린이집을 보내면서 가능하면 최고의 것들을 아이에게 제공하게 됩니다. 그래서 둘째 아이는 상대적으로 손해를 보는 경우가 많습니다. 첫째 때 해봤더니 생각보다 별로라며 둘째에게는 평범한 것으로 기준을 낮추게 되니까요. 아무튼 이런 이유로 첫째에게 거는 부모의 기대도 한 단계 더 높아지기 마련입니다.

제 첫째 아이도 그랬습니다. 동네에서 가장 좋다는 유치원을 보냈고, 학비도 비싸다는 사립 초등학교를 보내면서 나름 최고의 양육 환경을 제공했던 것입니다. 그런데 중학교에 입학하면서 공부가 적성에 안 맞는다며 피아노를 전공할 테니 허락해달라고 요구했습니다. 우여곡절 끝에 실용음악과로 전공을 일찌감치 정하고 학원 수업과 레슨을 시작했지만 부모 속을 어지간히 태우면서 중고등학교 시절을 보냈습니다. 고3 때는 전국 청소년실용음악대회에서 최우수상을 받기도 했는데 결국은 재수 끝에 어렵사리 전문대에 입학하였고, 나름 재미있게 졸업까지 하고서 군대에 입대를 했습니다.

그렇게도 가고 싶어 했던 서울예대의 예비 합격 1번을 받았지만 포기자가 아무도 없어서 떨어진 이력이 너무나 안타까웠는지 입대 전에 1년간 야간 알바를 악착같이 하면서 돈을 모았습니다. 제대하고 다시 도전하고 싶다는 것이었습니다. 뒤늦게 철이 들었다고 부모로서 내심 기뻐하면서 제대하기를 손꼽아 기다렸는데 코로나가 한창 기승하던 그 봄날에 폭탄을 터뜨리는 것이었습니다. 군에서 오래 고민했는데 아무래도 음악은 자기 길이 아닌 것으로 판단했다나요? 더 이상 그 대학에 가지 않아도 자존감이 상처받지 않게 되었고, 현실적으로도 졸업 후에 연주자로서의 삶을 살기가 힘들다는 논리였습니다. 실제로 음악을 전공한 동기들도 모두 다른 일을 하고 있다는 사례와 함께 말입니다. 그러면서 하는 말이 그동안 나름 진로를 준비했는데 택배기사가 되겠다는 것이었습니다. 모아

놓은 돈으로 중고 화물차를 구입하여 유명 택배사에서 일하겠다며 모든 준비를 마쳤다고 말했습니다. 허락하지 않아도 할 테니 그냥 자신을 지지해달라고 통보와 요청 사이를 오가는 말을 했습니다.

많은 이야기를 나누고 택배업에 대해 알아도 보면서 결국엔 아들이 택배 일을 시작했는데, 처음 일주일 동안은 제가 일이고 뭐고 손에 잡히지 않아서 너무나 힘이 들었습니다. 매일 한 시간씩 성경을 읽어 해마다 성경 2독을 실천한 것이 지난 5년 동안의 일이었는데, 그 일주일 동안은 도무지 아무것도 손에 잡히질 않아서 멍하니 밖을 바라보기만 했습니다.

하필 작년 5월이 덥기도 많이 더웠는데 하루 종일 밖에서 땀을 흘리며 택배상자를 나르는 아들을 생각하니 눈물이 흐르는 것을 참을 수가 없었습니다. 비라도 오는 날이면 더 처량하고 속이 상해서 마음이 진정되지 않기 일쑤였지요. 〈우산 장수와 짚신 장수〉 우화가 생각이 났습니다. 생각을 바꾸면 비가 오면 우산 장수 아들이 좋은 것이고, 해가 나면 짚신 장수 아들이 좋은 것이니 이래도 좋고 저래도 좋다고 여기라는 교훈을 주지요. 하지만 현실에서의 부모 마음은 그게 안 되는 것임을 알았습니다. 비가 오면 짚신 장수 아들이, 해가 나면 우산 장수 아들이 마음에 걸리는 것이 부모 마음인 것을요.

직업의 귀천을 따지는 것이 아닙니다. 저도 강사의 길로 들어설 때 글로벌 기업의 잘나가는 팀장 자리를 박차고 나와 부모님의 걱정을 샀습니다. 그 당시부터 지금까지 수많은 기업과 직업을 만나고 강의 활동을 하면서 편견 없는 삶을 살아온 제가 직업을 구시대적으로 보지는 않습니다. 하지만 자식이 애쓰고 힘들 것을 생각하면 제 마음이 마냥 평화롭기만 할 수는 없었던 것입니다. 그렇게도 사랑하는 귀한 첫째 아들이니 말입니다.

평소에 운동은 고사하고 몸을 움직이는 것도 유난히 귀찮아하던 녀석이 하루 종일 걷거나 뛰면서 밤 10시가 넘어야 들어오는 생활을 하니 아내와 저는 짠하고 안쓰러운 마음에 표정 관리가 안 될 지경이었습니다. 정말 자식은 마음대로 안 되는 존재입니다. 제법 공부를 잘하던 시기에 피아노로 방향을 틀더니, 제법 피아노로 두각을 나타내는가 싶은 시기에 입대를 하고, 이제는 택배기사라는 1인 사업자로 살게 되었습니다. 지금 돌이켜보면 '정말이지 뜻대로 되는 게 하나도 없구나' 싶습니다. 본인도 그동안의 삶의 여정을 돌이켜보면 계획이나 목표대로 되지 않는 게 인생이라고 느끼지 않았을까요?

그래도 제가 첫째 아이를 키우면서 깨달은 것은 부모 마음대로 안 되는 것이 자식이라는 생각을 일찌감치 해야 한다는 사실입니다. 그리고 자녀의 삶을 부모가 계획하고 관리해서는 더욱 안 된다는 것입니다. 한국인들은 유난히 '하면 된다'는 신념 덕에 의욕 충만한 자세로 인생을 살아갑니다. 그만큼 최선을 다해 노력하는 인생이 되라는 격려의 구호이겠지만, 부모는 자녀에 대해 해도 안 되는 것이 있다고 받아들이는 자세가 필요합니다. 해도 안 될 수 있다는 사실을 수용하지 못하는 부모는 자녀를 스카이로 보낼 수도 있기 때문입니다.

자녀와 공감하는 코치형 부모

헌법 제10조에서는 다음과 같이 인간의 존엄성을 말해주고 있습니다.

'모든 국민은 인간으로서 존엄과 가치를 가지며 행복을 추구할 권리를 가진다.'

인간은 누구나 예외 없이 자기 목적성을 지닌 존재입니다. 그 누구도 타인의 수단으로 취급되면 안 됩니다. 권력이나 신분의 차이 등 그 어떤 경우에도 인간 그 자체의 존엄성을 보장받아야 하는 것입니다. 설령 부모라 하더라도 자녀를 이런 관점에서 인식하고 대우해야 합니다. 이것이 오늘날 부모에게 요구되는 명확한 역할 인식입니다.

부모 마음에 들지 않는다는 이유로, 혹은 어떤 잘못을 저질렀다는 이유로 어린 자녀를 흉기로 위협하고 영하의 날씨에도 옷을 벗겨 화장실 찬 바닥에 몇 시간이나 가두는 행위는 명백한 범죄이고 폭력이며 아동학대입니다. 차마 더 이상 사례를 열거하기에는 가슴 아픈 사건들이 우리 주변에서 너무나 많이 발생합니다.

부모는 자녀의 보호자요, 양육자이며, 지지자입니다. 아니, 그런 역할이어야 합니다. 자녀의 선택을 최대한 존중하고 함께 탐색하며 최선의 성과를 목표 삼아서 나아가도록 울타리가 되어야 합니다.

자녀를 소유물이나 관리의 대상으로 생각하지 않고 독립된 인격체로 존중하는 부모의 인식 전환 없이는 그 어떤 부모 교육 전문서적을 통해서도 결코 좋은 부모가 될 수는 없습니다. 자녀 양육의 목표를 다시 설정하는 리셋이 필요한 시점입니다.

부모는 자녀를 성공하게 만드는 역할이 아니라 행복한 인격체로 성장하여 건강하게 독립하도록 돕는 역할에 집중해야 합니다. 어차피 부모가 계획하고 노력해서 키운다고 그대로 되지도 않습니다. 안 되는 것은 안 되는 것입니다. 그리고 첫째를 키운 방법대로 둘째를 키운다고 똑같이 자라지도 않습니다. 결국 특정한 양육 방법이 누구에게나 똑같이 적용되지 않는다는 것도 인정해야 합니다.

돕는 역할은 상대방의 필요와 결핍을 알아야 가능합니다. 돕는 사람의 입장이나 관점이 아니라 도울 대상의 입장에서 바라봐야 보입니다. 그러니 부모는 자녀의 눈높이에서 생각하되 부모이니까 다 안다고 예단해서는 안 됩니다. 부모의 기대나 계획이 나도 모르게 보고 싶은 것만 보게 되는 확증 편향에 빠지게 만들기 때문입니다.

'항상 문제가 발생하는 것은 무엇을 모를 때가 아니라 다 안다고 착각할 때'라는 말이 있습니다. 공자孔子조차도 '아는 것을 안다고 하고 모르는 것을 모른다고 하는 것이 지혜'라고 말했는데, 우리는 부모가 되면 자녀에 대해서 모든 것을 다 안다고 착각합니다.

정말 좋은 부모가 되려면 모든 것을 아는 사람이 아니라 자신이 무엇을 모르는지를 아는 사람이 되어야 합니다. 이런 겸손한 용기가 진짜 좋은 부모가 되기 위한 첫걸음입니다. 자신이 완벽하지 않은 존재임을 자연스럽게 인식하는 부모는 자녀에게도 완벽함을 강요하지 않습니다. 자신의 부족함이나 실수를 부끄럽다고 생각하지 않고 있는 그대로 수용하는 부모는 자존감이 높은 부모입니다. 이런 부모는 자녀에게도 타인과 비교되는 결과가 아니라 삶의 과정과 의도를 인정하므로 자녀와의 상호 관계가 우호적인 것입니다.

르마스터스와 드프레인이 구분한 자녀 양육의 다섯 가지 유형에 따르면 코치형 부모가 가장 바람직하다고 합니다. 코치형 양육은 부모가 삶에 대한 충분한 지식과 경험을 바탕으로 자녀로 하여금 자신을 개발하도록 지원하고 노력하는 것입니다. 나머지 네 가지 유형은 다음과 같습니다.

우선 경찰관형 양육은 규율과 복종을 강요하며 처벌을 주요 수단으로 활용하는 것입니다.

교사-상담가형 양육은 부모가 모든 것을 알고 있는 대단한 존재임을 전제로 자녀를 소극적 대상으로 대하는 것입니다.

친구형 양육은 자녀와 동등한 위치에서 자녀가 스스로 결정하도록 놔두는 유형입니다.

마지막으로 순교자형 양육은 자녀의 뒤를 따라다니며 모든 필요를 채워주고 돌보는 유형입니다.

자녀를 행복하게 만드는 부모는 요즘 유행하는 드론맘도 아니고, 숨통을 옥죄는 경찰관형도 아닙니다. 예전에는 부모가 자녀보다 아는 정보가 많았기에 권위나 통제의 관계가 가능했습니다. 하지만 지금은 웬만한 정보는 자녀가 더 빠르게 많이 갖는 시대입니다.

스타코stocco나 핸디코트handy coat라고 불리는 현대적 미장재는 화학 성분 때문에 아토피를 유발하여 건강을 해칩니다. 하지만 자연 미장재는 친환경적이고 재사용도 가능하여 이런 자재를 활용한 미장 일이 미래의 유망 직업이 되는 시대라는 것을 아십니까? 구시대의 유물로 생각하기 쉬운 미장이 시간의 예술로 불리며 다양한 재질과 기법으로 공기 정화, 습도 조절, 소음 완화 등의 효과를 만들면서 청소년들에게 유망 직업의 블루오션으로 다가가는 시대입니다. 부모의 오래된 지식과 관점으로는 전혀 알지 못하는 일이지요.

어차피 부모가 모든 것을 해결하지 못하는 시대입니다. 세상에는 자녀만큼 뜻대로 안 되는 일도 없다고 합니다. 그리고 아무도 모를 일이 자녀의 미래입니다. 부모는 다만 자녀에게 모범을 보이는 롤모델이 되면 됩니다. 자녀에게 행복한 추억이 되어주면 됩니다. 자녀의 신발을 신어보듯이 입장을 바꿔서 공감하고 그 옆에 서 있는 것으로 충분합니다.

오프라 윈프리가 세계적인 유명인사가 되기 전, 초보 기자 시절에 큰 화재 현장에서 피해자 인터뷰를 생방송으로 진행했답니다. 그런데 처절한 화재 현장을 접하고는 너무 힘들면 아무 말 안 해도 된다며 피해자와 같이 울다가 그만 뉴스에서 바로 하차를 당했답니다. 이런 공감력이 이 시대의 부모에게 필요한 것은 아닐까요?

Q 우리는 부모로서 가장 행복한 때가 언제인가요?

Q 자녀를 키우면서 가장 기억에 남는 일은 무엇인가요?

Q 우리는 각각 어떤 양육 유형에 속하며 이유는 무엇인가요?

Q 우리가 추구하는 부모의 역할은 무엇인가요?

STORY 2

부모 노릇, 그 정도면 충분합니다

남의 자식은 공공장소를 뛰어다니며 주위를 불편하게 하지만, 내 자식은 낯선 곳에서도 주눅 들지 않는 아이인가요? 남의 자식은 착한 내 아이를 꾀어 수렁에 빠뜨리지만, 내 자식은 친구를 잘못 만나서 수렁에 빠지나요? 남의 자식이 공부를 못하는 건 공부를 못해서이고, 내 자식이 공부를 못하는 건 공부에 취미가 없어서인가요? 내 자식과 남의 자식은 다르다는 부모의 편견과 편애는 자식을 보호하는 것이 아니라 구속하는 것이라는 카피라이터 정철의 뼈 때리는 지적이 꽤나 아프게 다가옵니다.

정연복 시인의 〈부모가 된다는 것〉이란 시를 읽으며 꼭 내 맘 같다는 생각이 들었습니다. 아니, 세상 어느 부모라도 이런 마음이 아닐까 생각합니다.

자식을 살릴 수만 있다면 제 목숨도 바칠 수 있는
엄마의 헌신적인 사랑 하늘같이 높다
아들딸이 행복하기를 늘 맘속으로 비는
아빠의 묵묵한 사랑 바다같이 깊다
부모가 된다는 것은 존재의 혁명
많이 부족한 사람이 사랑의 사람으로 거듭나는 거다

부모를 위해 대신 죽겠느냐는 질문에는 잠시라도 생각할 시간이 필요하지만, 자식을 위해 죽을 수 있느냐는 질문에는 한순간의 망설임도 필요치 않은 것이 부모 마음 아닌가 합니다. 앞의 시에서도 노래하듯이 부모가 된다는 것은 거듭나는 일입니다. 거듭나기 위해서는 옛 사람이 죽어야 합니다. 그리고 새롭게 태어나는 것입니다. 결혼 전의 나는 죽고 자식을 낳은 후의 부모로 다시 태어나는 것이지요. 그렇게 부모는 위대하고 숭고한 존재로 거듭나서 놀라운 역사를 만들어가는 존재입니다. 그 어떤 위대한 인물도 부모가 없었다면 존재하지 못했을 테니까요.

어느 회사에서 자녀를 둔 남자 직원들을 대상으로 설문조사를 했습니다. 자녀에 대해 얼마나 잘 알고 있는지 조사하는 것이었습니다. 자녀가 좋아하는 음식, 자녀의 친구 이름, 자녀와 같이 찍은 사진이 있는지 등을 물어보는 설문지를 나눠주고 답을 적도록 했습니다. 대부분의 아빠들이

흐뭇한 미소를 지으며 집중해서 답을 적었는데 뒷부분의 설문지 내용이 이상했습니다. 자녀에 대한 질문이 아니라 조사 대상인 아빠의 아버지에 대한 질문으로 바뀐 것이었습니다.

아버지가 좋아하는 음식, 아버지의 친구 이름을 아는지, 아버지와 같이 찍은 사진이 있는지 등으로 바뀌었습니다. 순간 설문에 답하던 젊은 아빠들이 어리둥절하면서도 생각에 잠기게 되었습니다. 쉽게 답을 할 수 없었던 것이지요. 그리고 평소에 생각하지 않았던 질문에 허를 찔린 듯 당황한 표정을 지었습니다.

설문지를 작성하던 방 안에 TV 화면이 켜지면서 젊은 아빠의 아버지가 등장했습니다. 그동안 잘해주지도 못하고 성장하는 동안 고생시켜서 미안하다는 투박한 아버지의 음성과 얼굴이 나오자 젊은 아빠들은 하나같이 왈칵 눈물을 터뜨렸습니다. 이 글을 쓰는 지금 저도 새삼 눈물이 북받치네요.

어릴 때에는 불만스럽기 그지없던 집안 형편 탓에 원망으로 대하던 부모님이었지만 내가 부모가 되어서 다시 돌아보면 그렇게만 생각할 일이 아님을 알게 됩니다. 내가 부모가 되어 자식을 끔찍하게 위하듯이 내 부모도 나를 그렇게 사랑했는데 표현의 방식이 달랐거나 기대치가 서로 달라서 과거에는 깨닫지 못했을 뿐임을 알게 됩니다. 나도 삼계탕이나 양념치킨의 보드라운 다리를 좋아하지만 자식에게 기꺼이 양보하면서 쿨한 척하듯이 부모님도 삼계탕을 끓이면 다리보다 날개가 더 좋다고 말씀하신 이유를 알게 됩니다. 그리고 정말 안 먹어도 억울하지 않았던 경험 있으시죠?

부모와 자녀는 애증의 관계

호모 사피엔스라고 우쭐대지만 인간만큼 연약한 동물도 없는 듯합니다. 어떤 동물이 태어나서 1년 동안 걷지도 못하고 완전히 부모의 손길에 의존하여 살아가나요? 어떤 동물이 태어나서 최소한 20년 정도를 부모의 그늘 아래서 배우고 훈련받나요?

산술적인 시간으로만 단순 비교하는 것은 문제가 있겠지만 그만큼 심각할 정도로 인간은 부모의 손길이 오래 필요한 존재라는 것입니다. 그렇기 때문에 부모와 자녀의 오랜 동거 기간에 발생하는 온갖 애증의 경험들이 켜켜이 쌓여서 그 어떤 동물과도 차별화된 관계의 끈을 질기도록 꼬아놓고 있는 것입니다.

피는 물보다 진하다고 했는데 이것은 형제간보다 부모와 자식 사이에 더 적합한 표현이라고 생각합니다. 그런데 물보다 진한 피 때문에 부모가 자식을 속박하고 놓지 않는 역설이 생깁니다. 내가 낳았으니까 내가 책임진다는 선을 넘어서 독립된 인격체로 존중하지 않고 소유물로 여기는 부모가 생기는 것이지요. 이런 부모는 자식을 위해 최선을 다한다고 생각하겠지만 정작 자녀 입장에서는 숨을 쉴 수가 없게 됩니다. 부모의 의도와 계획대로 안 되면 부모와 자식 모두가 힘겨운 가시밭길 속 고통의 인생이 되기 때문입니다.

유교적 가치관에 익숙한 우리나라의 부모들은 서양의 부모와 달리 자식을 자신의 분신으로 여기며 동일시하는 경향이 강합니다. 그래서 남에게 자식을 소개할 때에도 낮춰서 소개하는 겸손의 미덕을 지키고 있습니다. 마치 자기 자신을 낮춰야 겸손하듯이 자기 자식도 남에게 낮춰야 한다는 사고방식입니다. 때로는 이런 '부모-자식 동일시'의 사상이 자녀가 부모로부터 정신적, 인격적으로 독립하는 것을 방해한다는 사실을 아십니까? 바로 이런 장해물이 부모와 자녀 모두를 불행하게 만든다는 사실을 외면하지 말아야 합니다.

스티브 잡스나 빌 게이츠가 한국에서 태어나 교육을 받고 자랐다면 오늘의 애플이나 마이크로소프트는 없었을 것이라는 우스갯소리가 왜 나왔을까요? 한국의 교육 시스템과 자녀 양육의 치부를 건드리는 아픈 현실입니다. 그런데 이것은 단지 교육 제도만의 문제는 아닙니다. 각 가정의 부모의 인식이나 기준과도 떼려야 뗄 수 없는 문제입니다.

교육에 있어서는 환경과 제도의 역할이 절대적이라고 생각하겠지만 개개인의 가치관과 선택이 모여서 전체를 이룹니다. 부모가 자녀에게 어떤 삶의 목표를 제시하고 어떤 인격체로 성장하도록 돕는가에 따라서 인생의 방향이 달라집니다. 우리는 부모로서 자녀에게 어떤 인생의 길을 걷도록 응원하고 있나요? 톨스토이는 《인생론》에서 '인생이란 만인에 대한 사랑을 더욱 키우는 과정'이라고 이야기했는데 말이지요.

부모라는 무게감을 내려놓아야

'아버지가 나무 그늘을 찾아 지게를 내려놓고 왜 나를 물끄러미 쳐다보셨는지 알게 되었다'고 노래하는 정호승 시인의 그 무거운 독백의 울림이 저에게도 크게 와 닿았습니다. 두 아들을 키우면서 언젠가부터 아이들을 보면 든든함 못지않게 어깨의 무게감이 느껴지는 나이가 되었습니다. 졸업 혹은 결혼까지는 아직 무엇인가 더 해주어야 마음이 놓이겠다는 무게감, 아이들이 어느 수준으로 자라야 안심이 되겠다는 무게감, 우리 부부가 얼마만큼은 준비되어야 아이들이 힘들어지지 않겠다는 무게감 말입니다. 그런데 이제 그런 생각을 바꿔야 할 때입니다. 성인이 되기까지 학업을 마칠 수 있도록 도왔으면 이만하면 되었다고 내려놓는 부모로 바뀌어야 합니다. 신체적, 정신적으로 그 나이만큼의 건강함을 갖도록 키웠으면 이만하면 되었다고 내려놓아야 합니다.

내려놓는다는 것은 포기하는 마음이 아닙니다. 내려놓는다는 것은 현실과 이상의 갭을 수용하고 받아들이는 것입니다. 부모의 양육 과정을 생각하면 이 정도의 결과로 충분하다는 현실적인 수용이 필요합니다. 조금 더 잘했더라면 더 좋은 결과가 있었을 것이라는 아쉬움이나 가설은 무의미하다는 것입니다. 부모나 자녀 앞의 현실과 결과를 만족하며 받아들일 때 내려놓을 수 있게 됩니다.

부모로서 삶의 만족지수가 자녀의 행복지수를 결정합니다. 부모가 만족스럽지 않으면 자녀도 행복할 수 없습니다. 완벽함에 대한 이상화를 버리지 않으면 부모와 자녀 모두가 불행해집니다. 인간에게 완벽함이란 애초에 없거나 불가능에 가까운 것임을 알아야 합니다. 세상에 없는 것을 바라는 마음이나 불가능에 가까운 일을 굳이 시도하는 것은 부모와 자녀의 인생에서 행복을 증발시킬 뿐입니다. 그래서 만족하는 삶에서 자족하는 삶으로 승화하는 지혜와 도전이 훨씬 더 현실적입니다. 이런 승화의 경험이 없으면 눈앞의 삶을 자꾸 부정하는 오류에 빠지게 됩니다. 내 아이는 이런 삶을 살 아이가 아니라는 현실 부정의 늪에 빠진 부모는 누구도 못 말립니다.

자녀는 부모 때문에 태어난 존재입니다. 부모 '덕분에' 태어났다고 하지 않고 '때문에'라고 표현한 것은 그만큼 부모 입장에서만 생각하지 말라는 의미입니다. 부모 '덕분에' 태어난 존재라는 인식은 부모가 권리를 주장하고 관리하려 들기 쉽습니다. 부모 '때문에' 태어났다고 생각하면 부담이 되기도 하지만 그만큼 자녀의 독립된 인격과 권리를 보장해야 한다는 의무도 생각하게 되는 것입니다. 자녀의 탯줄이 잘리는 순간부터 부모로부터 독립되었음을 인정하면 좋은 부모의 절반은 이룬 셈입니다. 그것만으로도 이미 충분히 좋은 부모라는 것입니다.

자녀가 나 같지 않아서 걱정입니까, 아니면 나 같을까 봐 걱정입니까? 나 같기를 바라면서도 나 같지 않기를 바라는 양가 감정이 일반적일 것입니다. 저는 이 두 가지 감정을 다 살리는 부모가 되면 좋겠다고 생각합니다. 부모로서 삶의 궤적을 돌이켜보면서 스스로 자부심을 느끼는 부분을 자녀에게 내놓을 수 있으면 얼마나 멋진 일입니까?

강요하지 않되 자발적으로 본받고 싶게 영향력을 미치는 부모가 진짜 리더입니다. 또 한편으로는 인생을 살아보니 무엇이 아쉬웠는지를 통해 부모의 경험을 반면교사 삼도록 숙성된 지혜를 물려준다면 그 또한 멋진 일이지요.

완벽하지 않아도 충분히 좋은 부모

완벽하지 않아도 충분히 좋은 부모가 될 수 있습니다. 아무리 완벽해도 끔찍하게 나쁜 부모가 될 수 있는 것처럼 말입니다. 좋은 부모가 되어 자녀를 양육하는 것은 부모의 완벽함에 달려 있지 않습니다.

'개천에서 용 나오는 시대'는 이제 지났다고 한탄합니다. 교육의 양극화란 현실에서 공감하지 않을 수 없습니다. 하지만 저는 전제가 잘못된 명제가 아닌가 싶습니다. 여기에서 용이란 무엇일까요? 과거 산업화 사회에서 통하던 잘나가는 직업을 용이라고 해석한다면 시대 착오적인 생각입니다. 4차 산업혁명의 시대를 살면서 아직도 과거의 특정 직업을 동경하고 용으로 인식하는 부모는 마치 백미러만 보고 운전하는 것과 같습니다.

부모가 완벽하지 못해서 자녀가 용이 되지 못하면 결국 부모의 책임이고 잘못이라는 패러다임을 바꿔야 좋은 부모가 됩니다. 부모의 자존감이 우선되어야 자존감 높은 자녀로 키울 수 있는 이치와 같습니다.

어차피 부모도 가보지 않은 길을 가야 하는 시대입니다. 부모 세대의 얄팍한 경험과 빛바랜 정보를 갖고 자녀를 완벽하게 양육한다는 것 자체가 불가능한 일입니다. 그렇다면 차라리 자녀의 행복과 건강한 인격체로서의 성장을 위한 조건을 함께 찾아가면서 길을 만드는 편이 현명합니다. 그래서 직장이나 직업을 목표로 하지 말고 자녀의 인생 단어를 찾아보는 것이 더 중요한 일입니다.

인생의 'True North正北'는 부모가 자동차 살 때 선물로 받은 옛날 지도책으로는 찾을 수가 없습니다. 자녀와 함께 변화된 삶의 지형 속에서도 변함없이 가늘게 떨리는 나침반을 보면서 뷰카VUCA의 시대를 살아가야 하는 것입니다. 이것이 부모가 해줄 수 있는 일이고 또한 해야 하는 일입니다.

요즘 아이들은 신뢰하는 사람을 따르는 성향이 강합니다. 인터넷을 뒤져서 정보를 찾기보다 신뢰하는 사람이 어떻게 선택하고 행동하는지에 관심이 많습니다. 그래서 지금은 소위 팔로인Follow人의 시대입니다. 유명 유튜버가 수많은 글로벌 구독자를 거느리는 현상은 이래서 가능합니다. 그렇다면 부모가 이렇게 신뢰를 얻는 사람이 되어야 합니다. 자녀에게 무엇을 하라고 알려주거나 지시하기보다 부모가 먼저 그런 삶을 살아가며 보여주어야 하는 것입니다. 그래야 자녀도 하고 싶은 마음이 생깁니다.

유능한 운동 선수가 되려면 무엇이 중요할까요? 역시 유능한 코치들이 한결같이 하는 말이 있습니다. 그것은 힘을 빼라는 것입니다. 힘을 빼는 것이 단순해 보여도 좀처럼 쉽지 않습니다. 아무리 훈련을 하고 비법을 가르쳐줘도 힘을 빼는 일이 마음대로 되지 않습니다. 그런데 어느 경지에 이르러서 자연스럽게 힘을 빼는 순간 놀라운 일이 벌어집니다. 그렇게 원하던 결과를 드디어 만들어내기 때문입니다.

부모 노릇도 마찬가지입니다. 온갖 힘을 줘서 악착같이 애를 쓴다고 좋은 부모가 되지 않습니다. 힘을 주면 줄수록 자녀가 도망치고 서로의 관계는 망가지는 일이 대부분입니다. 부모는 부모대로 억울하고 분하기까지 합니다. 그런데 힘을 빼면 많은 것이 달라집니다.

우선 부모가 편안해집니다. 쉽게 지치지 않습니다. 그리고 자녀가 상처를 받지 않게 됩니다. 자녀의 인생관과 대인관계도 달라집니다. 나그네의 외투를 벗긴 힘은 거센 바람이 아니라 따뜻한 햇살이었음을 기억하시죠? 부모의 악착 같음이 나중에 자녀에게 도움이 되고, 그때가 되면 자녀도 고마워할 것이라는 생각은 환상적 기대일 뿐입니다.

부모가 힘을 빼지 않는다는 것은 본인의 욕망을 놓지 못함을 의미합니다. 이것은 부정하려 해도 부정할 수 없는 일입니다. 부모의 욕망을 자녀에게 투사하여 자녀의 성공을 위한다는 명분으로 포장한 것이지요. 그래서 자녀의 성취가 자기 일처럼 기쁜 것이지만, 반대로 자녀의 실패를 못 견뎌하는 것입니다. 힘을 뺀다는 것은 그런 욕망에서 자유로워지는 일입니다.

라캉이 말했듯이 우리는 타인의 욕망을 욕망하고 살아갑니다. 자녀에게 부모의 욕망을 대물림하는 잘못을 양육이란 허울로 덮어씌운 것입니다. 그래서 포기가 아닌 힘을 빼면 부모가 먼저 편안해집니다.

존재가 행함보다 우선입니다

대상관계 정신분석학자 도날드 위니캇은 '충분히 좋은 엄마'의 개념을 강조합니다. 완벽한 엄마, 최고의 엄마가 아닌 충분히 좋은 엄마 말입니다. 그가 말하는 충분히 좋은 엄마란 자녀에게 좌절이나 실패를 모르는 삶을 살게 해주는 엄마가 아닙니다. 이 세상에서 가장 처음으로 마주친 존재이자 세상 전체를 대표하는 존재인 엄마로서 그저 자녀가 최선의 삶을 경험하게 하는 엄마가 되는 것을 말합니다. 이 부분은 뒤에서 좀 더 상세하게 다룰 것입니다. 어쨌든 우리의 자녀에게는 'perfect'가 아니라 위니캇이 말하는 'good enough' 수준의 부모가 필요한 시내입니다.

부모가 된다는 것은 엄마와 아빠의 합으로 이루는 것입니다. 다시 말하자면 자녀가 생기면 그때부터는 엄마와 아빠가 아니라 부모가 되어야 한다는 말입니다. 부부가 이렇게 각자의 역할에서 한 걸음 더 나아가 부모라는 역할로 변신하는 것이지요.

사랑을 하고 결혼을 하면 부부가 됩니다. 그리고 아이를 낳으면 부모가 되지만 이상하게 부모가 되면서 결혼 만족도가 낮아지게 됩니다. 특히 아내의 행복지수가 낮아지는 일이 많습니다. 그 이유는 바로 육아 전쟁이 시작되기 때문입니다. 말 그대로 전쟁에 버금가는 버라이어티한 일들이 발생하니까 육아 초기 아내의 짐이 급격하게 무거워지면서 행복도가 떨어지는 것입니다.

충분히 좋은 부모의 완성은 부부가 서로 보완하고 받쳐주면서 돕는 배필의 역할에 충실할 때 가능합니다. 부모로서의 팀워크를 이루어 서로 배우고 성장하는 과정에서 자녀의 인생도 자기다움을 찾게 됩니다. 자녀는 부모의 뒤를 이어 성공의 결과를 만들기 위해 태어나지 않았습니다. 그들은 자기답게 살기 위해 태어난 존재입니다. 이것을 인정하는 부모가 되면 그것으로 충분합니다. 부모가 자녀에게 내 말대로 하라고 강요하지만 않는다면 그것이 바로 충분히 좋은 부모입니다. 자녀 양육의 가치관을 의존에서 독립으로, 집착에서 자유로, 미숙에서 성숙으로 바꾸는 부모가 되기 바랍니다.

인간은 아직 완성되지 않은 존재입니다. 삶의 여정을 통해 '되어가는' 존재입니다. 'being'에서 'becoming'으로 변화하는 것이 인간의 삶입니다. 그렇다면 우리의 자녀도 존재에서 성숙으로 변화하도록 인내하고 믿어주는 부모가 필요하겠지요.

저는 이 책에서 고차원적인 육아 학설이나 양육의 실전 팁 등을 가급적 다루지 않고 있습니다. 무엇을 어떻게 할 것인가 이전에 어느 방향으로 왜 가야 하는지가 본질이기 때문입니다. 이게 해결이 안 된 상태에서 유명 학자들의 화려한 이론과 실천 방법들을 손에 넣어봐야 결코 오래가지 못하기 때문입니다.

존재가 먼저이고 행함은 그다음이란 위니캇의 말을 새삼 돌이켜보면서 부모 됨을 다시 생각해봅니다. 우리가 세상에서 가장 사랑하는 우리의 자녀는 부모의 선택이 아니라 그들 자신의 선택대로 살아갈 권리가 있음을 인정하는 부모가 되어야 합니다. 그러기 위해서는 부모 스스로가 자신의 한계를 알고 자녀의 삶에 섣불리 개입하지 않는 용기가 필요합니다. '다 너를 위해서'라는 가면을 벗어버리면 될 일입니다. 자녀를 사랑한다면 덜 사랑하는 용기를 내봅시다.

Q 자녀가 가장 사랑스럽다고 느낀 적은 언제입니까?

Q 자녀에게 가장 바라는 점은 무엇인가요?

Q 부모의 어떤 부분을 닮았으면 하며, 닮지 않길 바라는 부분은 무엇인가요?

Q 내가 할 수 있는 충분히 좋은 부모의 행동은 무엇인가요?

STORY 3

영유아 자녀의 애착 형성과 양면성

결혼을 하고 부부가 되어 우여곡절을 겪으면서 서로를 제대로 알아가는 기쁨과 실망의 냉온탕을 넘나들다가 자녀를 낳게 되면 이제는 부모가 되는 것입니다. 부부로 살아가는 법조차 아직 미숙한데 한 생명을 양육하는 부모가 되었으니 얼마나 험난한 삶이 되겠습니까? 특히 육아의 첫 바통을 온전히 책임지는 엄마의 역할은 결코 순탄하지 않습니다.

아무리 부부가 힘을 합한다고 해도 육아 초기의 책임과 역할은 엄마에게 쏠릴 수밖에 없는 현실입니다. 우선 모유 수유라는 큰 일이 있습니다. 출산 직후부터 적어도 백일이 지나기까지 엄마는 밤새 쪽잠과의 싸움을 견뎌야 합니다. 쪽잠에서 통잠으로 넘어가기만 해도 육아의 첫 고비는 넘긴 것일 정도로 정신적인 면뿐만 아니라 육체적인 고통을 감내하는 과정이 다가옵니다.

육아에서 아빠의 역할은 아무래도 2순위가 됩니다. 엄마보다 우선하여 아빠가 육아의 초기를 책임지기란 어렵습니다. 그래서 자칫 실수를 하게 되고 훗날까지 원망스러운 기억으로 남게 되기도 합니다. 제가 그랬습니다. 첫아이를 7월 한여름에 낳았는데, 에어컨도 없던 18평 신혼집에서 젖병 삶는 열기를 피해서 잠시 밖으로 나갔다가 28년이 지나도록 그 기억을 소환당하고 있지 뭡니까? 하긴 그 일을 생각하면 제가 철이 없었습니다. 아내는 뜨거운 불 앞에서 젖병을 삶고 있는데 저는 덥다고 당시 새로 산 자동차에 가서 에어컨이나 쐬고 있었으니 말입니다. 영유아기 자녀에 대한 부모 노릇의 첫 단추는 아내가 행복한 엄마로 살아가도록 돕는 것입니다.

어린 자녀를 어떻게 잘 키울 것인가 이전에 엄마가 얼마나 행복하게 아이를 대할 것인가의 문제가 훨씬 중요합니다. 엄마가 행복하면 아이가 정서적인 안정을 찾고 소위 안정 애착을 형성하게 됩니다.

애착이란 아이가 태어나서 생애 초기에 주양육자와 맺는 관계의 질을 말합니다. 주양육자가 꼭 엄마가 아닐 수도 있겠지만 아무래도 엄마일 확률이 높기 때문에 출산 직후 엄마의 행복감과 정서적 안정감이 그대로 아이에게 영향을 주게 됩니다. 이를 통해서 아이의 성격 발달과 대인관계의 패턴이 결정되는 것입니다. 또한 엄마의 행복감은 남편의 삶의 질에도 영향을 크게 미치게 되어 부부 사이의 행복 수준을 결정하기도 합니다.

저를 포함하여 많은 남편들이 간과하는 사실 가운데 하나는 출산 직후 아내의 심리적 변화가 매우 크다는 것입니다. 이른바 산후 우울증을 겪는 산모들이 의외로 많다는 사실을 남편들은 잘 모르고 지나갑니다. 가벼운 산후 우울감은 산모의 85%가량이 겪는다고 하는데, 여기에서 심해지면 산후 우울증이 되는 것입니다. 증상으로는 대개 우울하며 불안감이 커지고 눈물이 나거나 불면증을 호소합니다. 애를 낳은 산모가 한둘이 아닌데 왜 그렇게 유난을 떠느냐고 하소연하는 남편이 적지 않은데 이것은 몰라도 한참 모르는 반응입니다. 갱년기 우울증 이상으로 산후 우울증이 심각하다는 사실만이라도 인식하는 남편이 되어야 엄마, 아이, 그리고 남편 자신의 삶의 질이 높아집니다.

요즘 인기 있는 직장의 조건은 연봉보다 근무 환경입니다. 질 좋은 카페테리아를 운영하는 기업도 있고, 사내 수면 방을 갖추기도 합니다. 수영장이나 당구장도 마련하여 구성원의 정서적, 심리적 안정감을 돕도록 애쓰는 기업이 인기를 끄는 시대입니다. 가능하면 직장이라는 일터를 쉼터처럼 바꾸려는 노력이 한창인 이 시대에 가정이라는 쉼터를 일터처럼 느끼게 한다면 안 될 일이지요. 특히 출산 직후 영유아를 양육하는 엄마에게 가정은 일터이자 쉼터임을 알아채는 남편이 사랑받게 됩니다.

영유아기 자녀의 양육에서 가장 주목하고 집중해야 할 부분이라면 행복한 엄마와 아빠가 되어 아이의 안정 애착을 강화해주는 일입니다. 최고급 분유와 외제 유모차에 지갑을 기꺼이 여는 부모가 되기보다는 아이의 정서 발달을 위한 안정되고 일관된 부모로서의 모습을 갖춰야 하는 것입니다.

어떤 연구에 의하면 부모의 애착 유형은 자녀에게 상당 부분 대물림된다고 합니다. 그러니까 양육 초기에 부모에게 느끼고 형성된 애착의 유형이 훗날 자신의 자녀에게 이어지기도 한다는 것이지요. 또 어느 심리학 통계에 의하면 약 30% 정도의 사람이 불안정 애착 유형이라고 합니다. 그렇다면 이들의 자녀도 불안정 애착 유형일 가능성이 높다는 사실은 자녀 양육에 온갖 노력을 기울이는 부모에게 커다란 걱정과 충격일 수 있습니다.

애착과 과잉 애착의 구별

예전에 EBS에서 방송된 다큐멘터리에도 소개가 되었듯이 아이는 출생 이전부터 엄마와 정서적으로 연결되어 있습니다. 신체적 연결은 물론이고, 정서적으로도 긴밀하게 연결되어 있어서 엄마의 스트레스와 부정적 감정이 태아에게 그대로 전달되는 것입니다. 따라서 소위 태아의 심리적

굶주림 현상이 나타나게 되지요.

임신 중에도 엄마의 정서와 감정이 태아의 정서 발달에 영향을 주는데 하물며 출생 이후의 영향은 얼마나 크겠습니까? 우리가 태교에 신경을 쓰는 이유도 이런 심리적 굶주림을 방지하기 위함인데 출산 이전부터 엄마와 아빠가 태아에게 친밀감 있는 목소리를 들려주거나 산모의 배를 다정하게 만져주는 등의 행동이 매우 효과적이라는 심리학자 프로이드의 연구도 있습니다.

이렇듯 태아 애착이 안정적으로 형성되도록 노력하여 출산 이후에도 아이와 부모의 유대감이 건강하게 유지되도록 하는 양육의 방향이 무엇보다 중요합니다. 물론 한번 형성된 애착 유형이 절대 불변의 경향을 보이는 것은 아닙니다. 성인이 되어서도 주변 환경과 관계 맺는 사람과의 영향에 의해 불안정 애착이 안정 애착으로 변화하는 경우가 적어도 30% 정도는 된다고 합니다. 이것을 '획득된 안정 애착'이라고 합니다. 안정 애착을 성인이 되어 획득하려면 매우 힘든 과정과 충분한 조건을 갖춰야 가능하기에 기회 비용이 꽤나 많이 필요하다는 어려움도 있지만 유아기의 애착으로 평생의 모든 것이 결정되는 것은 아니니 애착 맹신에 빠지는 오류도 피해야 할 것입니다.

실제로 부모가 꼭 알아야 할 한 가지는 과잉 애착이 오히려 부모나 아이에게 도움이 안 된다는 것입니다. 생애 초기에 아이의 안정 애착이 중요하고 부모가 애착 형성에 큰 영향을 주는 것은 사실이지만, 지나치게 애착 형성에 스트레스를 받거나 이것 때문에 부담감과 죄책감을 가질 필요는 없습니다. 육아 세계의 전설이 된 자연 분만, 모유 수유, 3세까지 엄마가 직접 양육한다는 육아 3종 세트가 항상 진실은 아니기 때문입니다. 부모 노릇을 잘해보려는 좋은 부모일수록 이런 함정에 빠져서 자책하고 힘들어하는데 그것은 본질을 벗어난 일이란 것이 케임브리지대학교의 연구나 뉴욕주립대학교의 연구로도 검증이 되었습니다.

상황에 따라서는 제왕절개 분만도 할 수 있고, 분유를 먹이면서 누군가의 손에 의지해 양육도 할 수 있는 일입니다. 이것이 아이의 장래를 망치고 정서적 문제를 가져온다고는 할 수 없으니 너무 애착 형성에 과민할 필요는 없습니다. 그저 부모, 특히 엄마가 편안할 정도의 돌봄과 애착 형성으로도 충분히 좋은 양육이 될 수 있습니다. 우리나라는 애착에 대한 지나친 믿음과 신화가 성실하고 순수한 엄마의 심리를 불안하게 하는 현상이 불필요하게 많아서 새삼 강조하는 것입니다. 애착 육아의 권위자 윌리엄 시어즈 박사의 원래 의도도 과잉 애착이 아니라 부모가 행복한 수준의 반응이면 그것으로 충분하다는 것이었음을 알려드립니다.

〈섬집 아기〉라는 동요를 아시지요?

'엄마가 섬 그늘에 굴 따러 가면 아기가 혼자 남아 집을 보다가 바다가 불러주는 자장 노래에 팔 베고 스르르르 잠이 듭니다.'

저는 이 동요를 부르면서 눈물을 흘린 적이 꽤나 많았습니다. 아름답고 포근한 동요라기보다 혼자 남겨진 집에서 자신의 팔을 베고 외롭게 잠이 드는 아기의 모습이 너무나 쓸쓸하고 무섭다는 생각 때문입니다. 아마도 이 아기가 제 마음처럼 외롭거나 무서웠다면 불안정 애착이 형성되었을 것이라는 생각이 저를 안타깝게 합니다. 그런데 2절 가사를 보니까 엄마의 마음을 알겠습니다. 아이를 혼자 두고 일하러 간 엄마는 갈매기 소리에 맘이 설레어 아직 채우지도 못한 굴바구니를 머리에 이고 모래밭을 숨 가쁘게 달려오기 때문입니다.

영유아기의 아이에게는 부모가 세상의 전부입니다. 그래서 아이에게 무엇을 해줄 것인가, 어떻게 키울 것인가보다 어떤 엄마와 아빠로 살 것인가가 더 중요합니다.

저는 이 책에서 자녀 양육의 디테일한 스킬을 전하기보다 자녀 양육의 원칙과 방향을 강조하고 싶습니다. 아무리 다양한 사례를 중심으로 문제와 해결 방안을 제시해도 그 사례와 내용은 누구에게는 맞고 누구에게는 안 맞기 때문입니다. 옆집 엄마가 성공적으로 아이를 키운 방법대로 우리 아이를 키운다고 우리 아이가 똑같이 성공적으로 자라지는 않습니다. 그것은 옆집 아이의 케이스일 뿐입니다. 따라서 그런 세세한 스킬을 통해 완벽한 부모가 되는 일에 관심을 두지 말고 차라리 자녀 양육과 부모노릇의 올바른 터 닦기에 초점을 맞추면 얼마든지 충분히 좋은 부모가 될 수 있습니다.

7년 주기의 발달 이론

인지학의 창시자인 오스트리아의 철학자 루돌프 슈타이너는 "아이들을 경외하라. 어떤 아이를 만나도 한 명의 존엄한 인간이 내 앞에 있다고 생각하라"고 말했습니다. 마치 방정환 선생이 '어린이'라는 호칭을 만든 사상과 유사하다고 생각되는 말입니다.

슈타이너 박사가 독일에서 1919년에 발도로프 학교라는 교육 시스템을 시작했는데, 지금은 유네스코에서 선정한 21세기 개혁 교육의 모델이 되었습니다. 발도로프 교육은 '인간은 누구나 각자의 개성과 특징을 타고난다는 전제하에 그 특성과 개별성을 발견하고 계발하는 것이 교육'이라는 철학을 갖고 있습니다.

슈타이너 박사는 인간의 성장과 발달을 7년 주기로 나누어 설명합니다. 출생부터 7세가 되기까지의 첫 단계는 '물질체'라고 말합니다. 쉽게 말하면 몸이 발달하는 시기입니다. 이 시기의 아이는 신체의 모든 감각기관이 주변 환경의 영향을 받아 수많은 자극을 흡수하게 됩니다. 엄마의 몸 안에 있다가 세상에 태어난 아이가 이 시기에 세상이 따뜻하고 믿을 만한 곳이며, 자신이 세상에서 받아들여지고 있다는 느낌을 받게 해줘야 하는 시기입니다. 따라서 이때 아이의 생명력은 오로지 아이가 살아갈 몸을 만드는 데 집중하고 에너지를 쏟게 됩니다.

7세 이전까지의 교육은 아이의 발달 속도에 주목하고 인정하는 자세가 중요합니다. 소위 성숙의 시간을 마련해주는 것입니다. 이 시기의 아이는 굳이 지적 자극에 노출되지 않도록 하는 것이 좋습니다. 이런 측면에서 생각하면 영유아를 대상으로 영어를 비롯하여 다양한 조기 학습을 제공하는 기관들이 생겨나고 있는 현상은 조금 염려가 되는 일입니다. 이 시기의 아이들은 모방이 학습의 핵심입니다. 부모의 모든 행동과 사고를 따라 하면서 배우고 성장하는 시기입니다. 아리스토텔레스가 말한 것처럼 인간은 모방에 가장 능한 동물인데 바로 이 시기의 아이들이 그렇습니다.

아이들은 자신의 감각으로 지각할 수 있는 모든 것을 모방한다고 생각하면 됩니다. 그런 모방을 통하여 신체기관들이 형성되고 발달하며 유지되는 것입니다. 그러니까 부모가 아이의 주변에 어떤 환경을 조성하고 어떤 양육자로 살아가는지가 아이의 성장에 엄청난 영향을 미치는 것임을 깨닫는 것이 중요합니다. 엄마나 아빠가 무슨 말을 하고 언제 화를 내며, 어떻게 밥을 먹고 여가를 즐기는지, 심지어 어떤 도덕적 삶을 살아가는지 등의 모든 것이 아이의 모방 대상이라는 사실을 잊어서는 안 됩니다.

이 시기의 아이를 양육하는 데 있어서 왜 엄마의 행복이 중요한지도 바로 이런 맥락에서 이해하면 되겠습니다. 아이의 입장에서 볼 때 부모의 삶의 질이 높은 상태라면 안정적 환경이 조성되었다고 감각적으로 받아들이게 되어 신체기관조차도 건강하고 안정적으로 발달하게 됩니다. 양육 환경이 도덕적으로 조성되면 아이의 뇌와 순환계통도 도덕적 기질로 발달하게 되는 것입니다. 따라서 온몸의 감각으로 세상을 받아들이는 이 시기의 양육에서는 인지적 학습을 들이대면 안 됩니다.

영유아기의 양육은 아이의 주변 환경을 모방의 대상으로서 적합하도록 조성하는 것이 핵심입니다. 그렇기 때문에 아이가 모방해서는 안 되는 상황을 만들지 않는 것도 지혜로운 일입니다. 특히 이 연령대는 듣기를 통해 말하기를 배우는 최적의 시기입니다. 그러므로 부모가 아이에게 어떤 언어 표현을 들려주는가의 문제는 매우 중요한 일입니다. 아이는 부모가 말하는 내용도 듣고 배우지만 말하는 방식도 배운다는 점을 놓치면 안 됩니다.

가능하면 부정적인 표현이 아닌 긍정적인 표현을 사용하는 것이 좋습니다. "~하면 안 돼"보다는 "~하도록 해"라고 말하는 습관을 갖는 것이 좋습니다. "흘리면 안 돼"라고 말하지 말고 "천천히 먹어도 돼", "뛰지 마"보다는 "조용히 하자"라고 말하는 것이 좋다는 말입니다. 이런 습관을 갖기 위해서는 하지 말라고 제지하지 않아도 되도록 집안 환경을 바꾸는 것도 좋은 방법입니다. 아직 판단력이 발달하지 못한 상태에서 활동력이 증가하는 시기임을 감안하면 차라리 주변 환경을 안전하게 정리하고 뭐든지 못하게 만드는 상황이 발생하지 않도록 하는 지혜가 필요합니다.

발도로프 교육에서는 놀이 도구나 장난감도 인공적인 것이 아닌 자연 그대로의 것을 권장합니다. 잘 만들어진 깔끔한 인형이나 세련된 장난감은 오히려 아이의 두뇌 발달에 크게 영향을 주지 못한다는 것입니다. 이미 완벽한 형태와 기능을 갖춘 상태라서 아이들이 더 이상 상상력을 발휘하며 뇌를 사용할 필요를 못 느끼기 때문입니다. 투박하게 보이더라도 자연 상태의 도구들이 오히려 아이로 하여금 부족한 부분을 상상력으로 채우는 판타지를 통해서 두뇌 형태를 만들어간다는 것입니다. 최근 아이 용품 시장의 현란한 마케팅에 쉽게 넘어가지 않는 부모가 되는 것도 이런 이유에서 되새겨볼 일입니다.

세상은 이미 창의성을 무엇보다 중요하게 여기는 시대로 변했습니다. 그런데 창의성을 제도적 교육의 틀 안에서 가르치고 개발하려는 시도가 무리하게 시도되면서 또 하나의 사교육으로 자리하고 있습니다. 물론 그 효과도 검증되지 않은 상태입니다. 아이에게 완벽하게 만들어진 깔끔한 디자인의 장난감을 손에 쥐어준다면 아이의 모방 충동은 인공적 구조물의 작은 틀 안에 고정되기 쉽다고 합니다. 오히려 아이가 스스로 상상하며 자신만의 내면 세계를 창조하도록 돕는 투박한 환경이 필요하다는 것입니다.

영유아기 아이의 양육 포인트는 신체의 능숙함과 균형 잡기를 통해 자신의 놀이 경험을 듣고 본 대로 반복해서 따라 해보도록 하는 일입니다. 따라서 지나치게 완벽하고 정교한 장난감은 오히려 방해가 될 수 있습니다. 집 안 인테리어를 할 때에도 가능하면 자연 소재를 사용하고 아늑한 분위기를 연출하는 것이 좋습니다. 아이들은 거실에서도 작은 텐트 안을 좋아하는데 바로 아늑한 느낌을 원하기 때문입니다. 그리고 신체 발달을 위해서도 놀이는 실외에서 일정 시간을 보내도록 하는 것이 필요합니다.

동영상이나 TV 시청은 최소화하도록 애써야 합니다. 스마트폰 하나면 꼼짝 안 하고 집중하게 만든다는 편리성 때문에 아이에게 휴대폰을 쥐어 주는 것은 절대 피할 일입니다.

아이들은 부모가 해도 된다고 하는 행동과 하면 안 된다는 행동을 경험하면서 도덕성의 기초를 쌓아갑니다. 해도 된다고 하는 행동은 옳은 일이고, 하면 안 되는 행동은 옳지 않은 일이라는 단순 개념이 형성되기 때문입니다. 이 시기의 부모는 이런 이유로 아이의 도덕성 개발을 염두에 두고 매우 엄격하게 아이의 행동을 통제하게 됩니다. 하지만 지나친 통제는 아이의 분별력을 방해하여 옳고 그름을 온전히 배우지 못하는 부작용이 있습니다. 너무 많은 것들을 못하게 하는 부모의 영향을 받은 아이는 들키지 않고 하려는 욕구가 커지거나 불만을 타인에게 표출하는 잘못된 방식을 선택하기도 합니다.

부모의 일관성과 자녀의 발달

자녀 양육에서 매우 강조되는 것 가운데 빠지지 않는 것은 부모의 일관성입니다. 특히 아이의 도덕성 발달을 위해서는 일관성이 매우 중요합니다. 부모의 기분에 따라서 되기도 하고 안 되기도 한다는 경험을 아이가 하면 안 됩니다. 그래서 부모는 양육에 있어서 자신의 행복을 관리하고 삶의 질을 유지하는 것도 중요한 일입니다. 부모 자신이 행복하지 않으면 아무래도 더 예민하고 아이에게 지나치게 타이트한 기준을 들이대기 쉽습니다. 그리고 아이의 실수와 잘못을 구별하여 반응하는 것도 중요합니다. 실수와 잘못된 행동에 대한 부모의 구별된 반응에 따라서 아이는 옳고 그름의 분별력을 배우는 것입니다.

일본 문부성의 조사에 의하면 대부분의 부모는 자녀가 착한 아이로 자라기를 바라는 반면에 실제로 착한 아이로 성장한 경우는 대략 20% 정도라고 합니다. 부모의 바람과는 달리 도덕적이고 착한 아이로 자라기가 쉬운 일은 아니라는 것이지요. 그러면 어떻게 해야 자녀가 도덕성을 갖추고 착한 아이로 성장할까요? 가장 유력한 답은 부모가 도덕적이고 착한 삶을 사는 것입니다.

아이는 모방을 통해 성장한다고 했습니다. 우리의 뇌에는 거울 뉴런이 있습니다. 남이 하는 것을 따라 하게 되는 원리는 거울 뉴런의 작용 때문입니다. 그런데 거울 뉴런을 통한 모방은 친밀한 사람일수록 더 활발하게 일어난다고 하니 부모의 삶 자체가 아이의 이정표인 것입니다.

세 살 무렵이면 도덕성의 기초가 형성되기 시작하는데 이 무렵의 아이는 떼쟁이가 되기도 합니다. 뭐든지 자기가 하겠다고 고집을 부리며 떼를 쓰니 말입니다. 우리 아이가 유별나게 고집스럽고 까다로운 것은 아닌지 걱정이 되는 부모도 많을 것입니다. 그런데 네다섯 살쯤 되면 자연스럽게 사고력이 발달하여 고집스러운 집착은 사라지게 되니 너무 염려

하지 않아도 됩니다. 서너 살 즈음까지는 추상적 사고력이 덜 발달하기 때문에, 이것이나 그것이나 다 같은 것이라는 개념을 이해하지 못합니다. 그래서 자기가 주장하는 것을 받아주지 않으면 떼를 쓰는 것입니다. 누가 대신 해준대도 싫은 것이지요.

추상적 사고력이 발달하기 전까지는 부모가 일단 맞춰주는 선에서 지켜봐도 좋습니다. 아이가 집어 들거나 엄마가 집어 드는 것이 결국 같은 일이라는 개념이 발달하기까지 조금 더 시간이 필요하기 때문입니다. 그때까지는 아이의 마음을 읽어주는 반응과 표현을 해주면 좋겠습니다. 아이를 안아주면서 "경찬이가 이것이 갖고 싶은 거구나" 하면서 부모가 아이의 마음을 알아채고 있음을 알려주는 것입니다. 가급적 이 시기의 아이는 스킨십을 많이 하는 것을 권장합니다. 부모가 아이를 많이 안아주고 스킨십을 자주 해주면 옥시토신의 분비로 아이의 정서가 안정되고 너그러운 마음이 생기는 작용을 합니다.

인간 중심 치료의 선구자로 유명한 미국의 상담심리학자 칼 로저스는 '상대방의 감정이 옳은지 그른지 판단하지 말고 우선 자신이 마치 상대방이 된 듯이 공감하라'고 했습니다. 서너 살 정도가 될 때까지는 아이가 도덕적 기초를 쌓는 환경과 경험을 제공하는 것으로 만족하면 됩니다. 네 살 이후에 선택적 주의력이나 추상적 사고력이 발달하기까지는 아이와 눈높이를 맞추고 많이 놀아주면서 스킨십을 자주 하는 것으로 충분합니다.

Q 아내의 육아 고민을 덜어주기 위한 우리 부부의 방법은 무엇이 있나요?

Q 아이의 안정 애착 형성을 위해 좋은 행동과 도움이 안 되는 행동은 무엇일까요?

Q 아이의 물질체(몸) 발달에 도움을 주기 위해 무엇을 하면 좋을까요?

Q 아이가 좋은 모방을 하도록 부모가 할 수 있는 일은 무엇일까요?

아동기 자녀의 사회성

슈타이너 박사의 7년 주기 이론에 따르면 아동기의 아이들은 추상적이고 감각적인 것이 아니라 명료한 이미지와 비유를 통해 본받고 따를 수 있는 환경을 조성하는 것이 필요합니다. 영유아기의 교육이 모방이었다면, 아동기의 교육은 자연스러운 권위에 의한 본받음입니다. 강요하지 않으면서 아이들이 본받고 싶은 존경심으로 양심, 습관, 성향을 스스로 만들어가도록 이끌어주는 것입니다. 아동기 자녀가 주변에서 이런 권위의 주체로 느낄 만한 인물들을 경험한다면 매우 행복한 일입니다. 그래서 부모나 교사가 바로 이런 역할을 해줘야 하는 시기입니다.

조금은 생소한 개념이겠지만 이 시기에는 '에스테르체'가 형성된다고 합니다. 이것은 인간을 하나의 개체로 자립시키는 생명체를 말합니다. 바로 에스테르체의 영향으로 아이들은 주변과 자신을 구분하여 인식하기 시작하며, 유아기 때 가졌던 세상에 대한 무조건적 믿음에 의문을 갖게 됩니다. 그래서 교사나 부모의 역할은 아동기 아이들에게 신뢰를 재확인시켜주는 권위 있는 어른이 되어주는 것입니다. 특히 초등학교 교사의 역할은 아이들에게 신뢰를 주고 따르고 싶은 권위를 보여주면서 그들을 공감해주는 내적 자세가 필요합니다.

이런 배경에서 아동기는 사고 중심의 활동보다는 예술 중심의 활동을 통해 감성을 개발하는 일에 초점을 맞춰야 합니다. 영유아기의 신체 발달과 달리 아동기는 내면적 발달의 시기라는 특성을 고려하여 흔들리는 내면의 감정을 안정시키는 것이 중요합니다. 이때에는 역사적 인물들의 위대한 스토리를 통해서 본받고 싶은 대상으로 인식하도록 도와야 합니다. 아동기의 교육은 추상적인 설명이나 훈계가 안 통한다는 사실에 주목해야 합니다. 생생한 이미지나 설명으로 들려주는 방법을 통해 아이들이 현실적으로 어떤 결과가 나올지를 생각하게 만드는 것입니다. 그래서 지적 접근이 아닌 상징이나 비유로 설명하고 아이들이 스스로 상상하게 유도하면 좋습니다.

대개 이 시기는 학령기로서 학교에 입학하여 체계적인 학습을 하게 되고 또래 집단과의 관계에서 사회적 활동을 본격적으로 합니다. 사회심리학자 에릭슨의 발달 이론에 의하면 근면성을 얻기도 하고 열등감에 빠지기도 하는 시기입니다. 그리고 학교에서의 친구관계를 통해 새로운 정체성을 형성하는 시기입니다. 자신과 타인을 구분할 줄 알게 되면서 관계의 갈등을 경험하기도 하고 본격적인 사회적 스트레스를 겪기 시작하는 시기입니다. 학교 수업 이외에도 학원 몇 군데는 기본으로 다니는 현실 속에서 그야말로 인생의 고난이 시작되는 것이지요.

인생이 고생이라는 우리 아이들

언젠가 유명 연예인의 자녀 교육 문제가 방송에 소개된 일이 있었는데, 세 아이의 학원과 과외 수업 개수가 무려 34개였습니다. 아홉 살 첫째는 열네 개, 일곱 살 둘째와 여섯 살 막내가 각각 열 개씩 다니고 있었죠. 이게 실화냐 싶을 만큼 충격적이었습니다.

문제는 아이들의 정서 상태였습니다. 수학 영재로 밝혀진 둘째는 수학 문제지를 풀어놓고 일부러 답을 고쳐서 오답을 몇 개 만들었습니다. 문제지를 다 풀면 엄마가 곧바로 새로운 문제지를 주니까 일부러 틀린 답을 적어서 시간을 끌었던 것입니다. 더 심각한 것은 아이가 가장 싫어하는 과목이 수학이라는 사실입니다. 수학 영재가 수학을 가장 싫어하게 만드는 양육은 자녀와 부모 모두가 불행한 일입니다.

영유아기를 지나서 아동기에 접어들면 드디어 공부라는 벽에 부딪힙니다. 이 장벽 때문에 아이는 좌절하거나 인생이 고생스럽다고 말하고, 부모는 아이의 장래 문제로 고민하며 불행해집니다. 그런데 우리 인생의 궁극적인 지향점은 행복이 아닌가요? 누구나 행복해지기 위해 사는데 아동기부터 벌써 불행이 시작되는 아이러니를 어떻게 받아들여야 할지요? 이런 현상은 특히 우리나라 아동기에 심각하게 나타나는 현상입니다.

인터넷에 떠도는 유머 가운데 태풍이 오기 전날 어느 학생의 기도문이 있습니다. 그 학생은 다음과 같이 세 가지를 기도했습니다.

태풍이 학교를 통과하게 해주세요.
태풍이 학원을 통과하게 해주세요.
다음 태풍도 학교와 학원을 통과하게 해주세요.

이게 웃어야 할지, 울어야 할지 모를 일입니다. 학교에 입학하면서부터 공부와 경쟁이라는 인생 최대의 난제에 부딪혀서 주변에 믿고 따르고 싶은 권위자를 한 명도 만나지 못하고 살아가는 불행한 아이들이 너무나 많이 있습니다. 아동기 자녀의 양육은 건강한 사회성의 기본을 갖추고 행복한 관계를 경험하게 만들어주는 것이 중요하다고 생각합니다. 아이들이 이 세상에 태어난 존재의 이유가 무엇일까요?

심수봉의 노래 가운데 〈백만 송이 장미〉라는 곡이 있습니다.

먼 옛날 어느 별에서 내 다시 세상에 나올 때

사랑을 주고 오라는 작은 음성 하나 들었지

(중략)

미워하는 미워하는 미워하는 마음 없이

아낌없이 아낌없이 사랑을 주기만 할 때

수백만 송이 백만 송이 백만 송이 꽃은 피고

그립고 아름다운 내 별 나라로 갈 수 있다네

노래가사에서 말하듯이 사랑을 주러 왔다가 사랑을 주고서 아름답게 돌아가는 삶이면 얼마나 좋을까 생각해봅니다. 우리의 존재 이유가 바로 이런 모습이면 좋겠습니다. 아동기 자녀에게 이런 삶을 살아가는 자세와 방법을 가르치는 것이 학원 수업보다 우선해야 하지 않을까요?

사회성이 경쟁력인 세상

조직의 좋은 리더는 산소와 같다는 의미에서 '산소 프로젝트'라는 명칭으로 구글이 조사하고 분석한 유명한 사례가 있습니다. '어떤 리더가 좋은 리더인가?'라는 질문의 답을 찾아본 것입니다. 구글의 팀장급 이상과 관련해 1만 건의 자료를 분석한 결과, 최고의 리더는 전문성이나 뛰어난 실력의 소유자가 아니라 타인을 배려하고 공감하는 사람이었습니다. 우리의 자녀가 살아갈 미래 사회는 이런 인재를 필요로 하고 있습니다. 성적이나 스펙은 이미 지난 시대의 유물입니다. 전혀 중요하지 않아서 무시해도 된다는 말은 아니지만, 문제는 아직도 성적 하나면 어떻게든 될 것이라는 잘못된 인식입니다.

이미 우리나라의 채용과 면접 방식도 블라인드식으로 변화하고 있습니다. 진짜 사람만 보고 선발하겠다는 것입니다. 미래의 직업도 인공지능 기술 덕분에 예측할 수 없을 만큼 많이 사라지고 또 생겨납니다. 전문가들은 이런 상황에서의 진짜 경쟁력은 휴먼 스킬 혹은 소프트 스킬이라고 말합니다. 이력서에 적어 넣는 자격증이나 전문성이 아니라 지극히 창의적이거나 높은 수준의 정서 지능이 필요한 시대라는 것입니다. 그리고 이런 휴먼 스킬의 기반에는 사회성이 자리하고 있습니다.

심리학자 폴커 프리벨은 '더불어 함께 서기를 가르치는 것이 사회성 교육'이라고 말했습니다. 이 사회성은 인성과도 밀접한 연관이 있습니다. 4차 산업혁명 시대의 인성이란 단지 착하기만 한 것이 아니라 도덕성과 사회성의 융합을 의미합니다. 학교에서도 코딩이나 컴퓨터 관련 미래 지향적 과목을 가르치고 있지만 인성을 바탕으로 더불어 살아가는 능력도 함께 가르쳐야 하는 시대입니다. 하물며 가정에서 부모의 양육 방침에서 이 부분이 빠진다면 무슨 의미가 있겠습니까?

앞에서도 언급한 아동정신분석학자 도널드 위니캇은 아이의 성장에서 엄마의 영향을 특히 강조했습니다. 아이는 엄마의 따뜻한 돌봄을 통해서 온전한 자아 인식도 하게 되고, 성장과 발달의 원동력이 된다고 합니다. 엄마의 즉각적이고 민첩한 돌봄으로 아이가 엄마와 한 몸처럼 느끼는 현상을 '일차 모성 몰입'이라고 합니다. 따라서 엄마는 아이에게 민감해야 합니다. 특히 저학년 아이의 욕구는 재빨리 알아채고 즉시 반응하는 것이 중요합니다. 이런 과정을 통해서 아이는 안정감을 충족하면서 타인과의 관계에도 자신감을 갖게 됩니다.

그러면 아이의 사회성을 위한 아빠의 역할은 무엇일까요? 사실인지 확인은 안 되었지만 6·25 전쟁 당시 어느 논길에서 병아리를 품고 죽은 어미 닭이 발견되었답니다. 포탄이 떨어지는 위험한 상황에서 본능적으로 어미 닭이 병아리를 품에 안은 듯한 모습이었다네요. 그런데 조금 떨어진 곳에서 수탉이 도망치는 모습으로 죽어 있더라는 이야기입니다. 아마도 우스갯소리겠지만 이처럼 직접 출산의 고통을 겪은 어미와 그렇지 않은 아비는 자식에 대해서도 마음이 다른가 봅니다.

자녀 양육에서 엄마의 영향력은 너무나도 크고 중요합니다. 그런데 아빠의 역할도 그에 못지않게 중요하고 필요한 시대입니다. 옥스퍼드대학교의 연구에 따르면 아빠가 자녀 양육에 적극적인 가정의 자녀는 학업 성취도도 높고 학교에서 문제를 일으키지도 않는다고 합니다. 정서적으로도 안정되고 건강한 성 정체성을 지니고 성장하는 것으로 밝혀졌습니다. 딸의 경우에도 아빠와의 친밀한 관계가 사춘기를 늦추거나 정신적인 문제를 낮추며, 독립적이고 자신감 있게 성장하도록 한다는 연구도 있습니다.

아이들은 대체로 엄마를 통해 감정과 관계적인 면을 배우고, 아빠를 통해 논리와 사회성을 배웁니다. 꼭 그런 것은 아니지만 대체로 그렇다는 말입니다. 따라서 부모는 자녀 양육을 위해서 역할의 조화가 필요합니다. 엄마한테 혼난 아이를 아빠가 저녁에 다시 한 번 야단친다든지, 엄마가 아이에게 시킨 일을 아빠가 바로 옆에서 안 해도 된다고 가로막는 일은 아이에게 혼란을 주고 부모의 권위를 떨어뜨립니다. 부모는 서로 보완적인 역할을 슬기롭게 해야 하므로 평소에 부부가 자녀 양육의 원칙과 방법을 수시로 공유하고 협의해야 합니다.

자녀와 함께 시간을 보내는 마지막 시기

아동기는 부모가 자녀와 함께 여유로운 시간을 보낼 수 있는 마지막 시기라는 인식이 필요합니다. 사춘기로 접어들면 아이의 스케줄과 정서 변화로 부모와 함께 시간 보내기를 거부하기 때문입니다. 그런데 사춘기 자녀에게 그때부터 갑자기 관심을 보이고 대화를 하자고 한다거나 가족

여행을 가자고 하니 아이들은 불편하고 어색해서 부모와 갈등이 불거지는 것입니다. 이런 상황이 서운하고 당황스러운 부모, 특히 아빠는 불필요한 말이나 행동을 하면서 아이와 심리적 벽을 높이 쌓는 부작용을 만들게 됩니다. 뭐든지 다 때가 있다는 말이 괜히 나온 것이 아닙니다. 아동기 때 충분히 시간을 함께 보내고 아이를 지지해주며 몸과 마음으로 소통하는 부모가 되어야 합니다.

여성가족부에서 실시한 초등학생 대상의 설문조사에 의하면 아이들은 자신의 말을 경청하며 대화를 많이 하면서 함께 시간을 보내주는 유형을 좋은 부모로 꼽았습니다. 아동기 양육에서 사회성을 길러주려면 자존감을 바로 세워주면서 소통하는 법을 체득하게 해야 합니다. 자존심과 달리 자존감은 남과 비교하지 않고 자기 자신의 모습을 있는 그대로 받아들이는 마음입니다. 나는 뭐든지 잘났다는 마음이 아니라 단점도 있고 장점도 있는 현실 그대로를 수용하는 것이지요. 자칫 자존감이 왜곡되거나 과잉되면 이기적 자존감으로 변질되기 쉬우니 이 점을 주의해야 합니다.

건강한 자존감을 갖게 하려면 먼저 자기 스스로 괜찮은 사람이라는 의식이 필요합니다. 하지만 그것만으로는 부족합니다. 주위에 자신을 믿어주는 신뢰할 만한 사람이 있어야 됩니다. 부모가 바로 그런 사람이 되어 자녀를 믿어준다는 확신을 통해 형성된 자존감은 타인과의 관계에도 긍정적인 영향을 미치고 이것이 아이의 사회성을 든든하게 받쳐주는 것입니다.

초등학생 시기의 자존감과 사회성은 향후 사춘기를 얼마나 건강하게 보내느냐와 학업 몰입도 및 부정적 감정을 다스리는 데 큰 영향을 줍니다. 교내 따돌림이나 학교 폭력, 심지어 자살 등의 일탈에서 아이를 지키는 방법으로도 연결되는 중요한 부분입니다.

아동기 자녀와의 대화는 아이들에게 공감력을 키워줄 좋은 기회입니다. 우선 부모가 아이의 말을 경청하면서 공감을 표현해주면 좋습니다. 공감을 표현하는 것과 아이의 말에 동의하는 것은 다른 문제입니다. 동의할 수는 없어도 공감은 할 수 있어야 합니다. 공감이란 아이가 하는 말의 의미와 감정을 충분히 이해하는 것이지 그 말이 무조건 옳다거나 잘했다고 하는 것은 아닙니다. "아빠가 놀러 가지 못하게 해서 우울하다는 말이구나"라고 공감을 표현하더라도 "그래, 알았어. 나가 놀아"라고 무조건 허락하라는 의미는 아니라는 것이죠. 특히 남자아이는 말을 그대로 받아서 행동하므로 조심해야 합니다. 화를 내면서 "네 마음대로 해!"라고 하면 진짜 마음대로 합니다.

아무튼 어떤 말이라도 공감하고 반응해주는 부모와 대화를 하는 아이는 밖에서도 친구들과 공감하고 소통하는 일이 수월합니다. 이런 아이가 친구관계도 폭넓고 원만한 법입니다. 그리고 아이와의 대화에서 감정 단어를 적절하게 사용하여 자신의 감정을 잘 다스리도록 해야 합니다. 감정 자체는 가치 중립적입니다. 화가 나거나 슬픈 감정 자체가 나쁘거나 잘못된 일은 아니라는 것입니다. 하지만 화가 나서 화풀이를 한다거나 슬퍼서 자신을 지나치게 괴롭게 하는 행동은 나쁜 일입니다. 아이에게 이런 구별법을 가르쳐야 합니다.

언어의 한계가 세계의 한계

감정 단어를 연구한 국내외 자료에 의하면 대개 긍정적 단어보다 부정적 단어가 3 대 7 정도로 많다고 합니다. 이것은 진화심리학적 분석으로 보면 이해가 빠릅니다. 인간은 위험으로부터 자신을 지키며 종족 번식을 최우선으로 진화했습니다. 그렇다 보니 자연스럽게 부정적 감정에 더 예민하게 되었고, 유사시에 피해를 최소화하는 방식으로 살게 된 것입니다. "바둑은 묘수로 이기는 것이 아니라 악수로 진다"는 격언이 있습니다. 인간도 위험으로부터 살아남기 위해서는 부정적 감정이 발달해야 하는 당위성 때문에 부정의 감정 단어가 더 발달했다는 견해입니다.

비트겐슈타인이 말했듯이 '언어의 한계가 그 사람 세계의 한계'입니다. 그만큼 어떤 단어를 사용하느냐가 그 사람의 삶을 결정하는 것입니다. 긍정의 감정 단어를 많이 사용하도록 대화하면서 익숙하게 하는 것이 중요한 이유가 여기에 있습니다. 교과부의 자료에 의하면 우리나라 초등학생의 90%는 하루에 한 번 이상 욕설을 한다고 합니다. 그리고 욕설 대상의 70%는 친구라고 합니다. 부모가 긍정의 감정 단어를 많이 사용하면서 대화하는 습관이 아이의 언어 습관에 영향을 준다는 책임감 정도는 갖게 되길 바랍니다.

감정은 충분히 인지하고 적절히 표현하면 사라지는 속성을 지닙니다. 그러니까 아이가 부정적 감정을 느낀다면 부모는 구체적으로 어떤 감정 인지를 표현할 수 있도록 도와야 합니다. 무조건 화가 난다고 할 것이 아니라 억울한 것인지, 창피한 것인지, 분한 것인지, 짜증이 나는 것인지를 세분화하여 표현하도록 하는 것입니다. 막연히 화가 난다고 하다가도 자신의 감정을 좀 더 세분화하여 표현할 수 있게 되면 무작정 화만 내지는 않게 됩니다. 이렇게 자신의 감정을 세분화하여 표현하는 아이는 타인과의 관계도 좋아질 수 있지만 무엇보다 자존감에 상처를 받지 않게 됩니다.

아동기에 건강한 자존감을 만들고 분노를 조절할 수 있으며 공감하는 힘을 기른다면 그 아이는 어떤 공동체에서도 사회성 좋은 사람으로 평판이 날 것입니다. 사회성은 단지 사교성을 의미하지 않습니다. 타인과 건강한 관계를 만들고 잘 유지해가는 자세와 능력이 곧 사회성입니다. 이것은 미래 사회의 필수적인 경쟁력으로 부각되고 있습니다. 미래의 꿈을 키우고 학업 성적을 높이는 일 이상으로 급하고 중요한 일이라고 생각합니다.

아이에게 너무 빨리 꿈을 찾으라고 강요해서도 안 됩니다. 사실 어른이 되어도 꿈을 모르는 사람이 태반입니다. 아동기 자녀는 꿈 찾기 이상으로 행복하고 건강하게 살아갈 인성적 기초를 다지는 일이 더 중요합니다.

초등학생이 되면 본격적으로 학습에 열을 올리는 부모가 많습니다. 공부 이야기는 덜 하더라도 독서를 강조하는 부모는 꽤나 많습니다. 그런데 우리나라는 나이를 먹을수록 책을 안 읽습니다. 연간 책 한 권도 안 읽는 사람이 놀랄 만큼 많은데 이것은 어려서부터 독서에 질려서 그런 경우가 많습니다. 아이들에게 책을 읽게 하려면 그냥 읽게 해야 합니다. 읽고 나서 독후감을 쓰라고 한다든지, 무슨 내용인지 말하게 시키면 독서를 싫어하게 됩니다. 그냥 읽게 하고서 부모와 대화를 통해 책에 대해 재미있는 시간을 보내야 책을 멀리하지 않게 됩니다.

영유아기와 달리 조금씩 부모로부터 독립하려고 하면서 친구관계를 중요시하는 아동기의 특성을 이해하는 부모가 되어야 합니다. 선행학습으로 중학교 이후를 미리 대비하려는 조급함을 내려놓고 아이의 내면을 들여다보는 자세가 필요합니다. '명문대 입학은 초등 4학년 때 결정된다'는 식의 공포 마케팅에 휩쓸려서는 안 됩니다.

지금이 마지막이라는 심정으로 부부가 뜻을 같이하면서 아이와 공감적 대화를 나누며 함께 시간을 보내는 추억 만들기에 투자하시기 바랍니다. 이런 양육 태도가 타인의 입장에서 생각하고 공감하는 조망 수용 능력을 길러주고 본격적인 사회생활의 실전 연습이 되는 것입니다.

Q 아동기 자녀에게 사고 중심이 아닌 예술 중심 활동을 시킨 경험은 어떤 것이 있나요?

Q 우리 아이의 스트레스를 얼마나 이해하고 있나요?

Q 아동기 자녀 양육을 위한 엄마와 아빠의 역할 분담은 어떻게 하고 있나요?

Q 아이와 어떤 식으로 공감적 대화를 이어가고 있나요?

청소년기의 자아 정체성과 사고방식

부모는 더 이상 존경스럽지 않고, 자녀는 더 이상 예쁘지 않은 시기가 청소년기입니다. 부모 노릇이 가장 힘든 시기가 닥친 것입니다.

통계청이 작성한 〈2019년 청소년 통계〉에 의하면 우리나라 청소년의 고민 Top 3는 직업, 공부, 외모 순으로 나타났습니다. 1984년에 관련 통계를 작성한 이래 공부에 대한 고민을 앞지르는 고민이 나온 것은 처음이라고 합니다. 우리 사회가 얼마나 경쟁이 치열하고 소위 먹고살 길이 막막한지를 보여주는 단면이기에 씁쓸합니다. 청소년기 아이들이 직업에 대해 가장 많이 고민하는 현실에서 교육학자 윌리엄 클라크가 말한 "Boys, be ambitious!" 따위의 명언은 이미 낡아빠진 사상쯤으로 치부될 것입니다.

또 다른 조사에 따르면 우리나라는 공정하지 않

다고 생각하는 청소년이 60%나 된답니다. 대부분의 청소년이 사회가 공정하지 않다고 믿으며 살아가고 있는 것입니다.

에릭슨의 발달 과업에 의하면 청소년기는 자아 정체감의 시기입니다. 나는 누구인가, 나는 왜 사는가, 어떻게 살아갈 것인가 등의 내면적 질문과 신체적 급성장의 변혁기에 혼란과 갈등에 노출된 아이들이 막연하게 직업을 고민하고 사회를 믿지 못하는 것입니다. 애초에 자아 정체감에 신경을 쓰고 건강한 심신을 발달시킬 여건이 안 되는 것이지요.

그런데 우리 사회에서 청소년기는 가장 치열하게 학업에 매달리는 시기입니다. 일주일에 70시간 이상을 공부하는 고등학생의 경우 평균 수면 시간이 여섯 시간으로 나타났고, 대부분의 학생들이 정규 수업 이외에 하루 평균 세 시간 이상의 사교육을 받고 있답니다. 어른도 주 52시간 근무가 법적으로 지정된 시대에 아이들은 이렇게 살고 있으니 아이들의 삶의 만족도가 세계 최하위를 기록하는 것입니다. OECD 국가 중에서 청소년들의 삶의 만족도 상위의 경우 평균 8점인 데 비해 우리 아이들은 6점대에 그치고 있는 실정입니다. 급기야 워라밸이 아니라 스라밸(스터디+라이프 밸런스)을 외치는 시대가 되었습니다.

자녀가 중학교에 진학을 하면서 많은 부모들이 혼란스러워합니다. 초등학교 시절과 너무나 많이 변해버린 아이 때문에 힘들어하고 상처받는 부모가 많습니다. 자녀의 성장과 발달에 따라 부모의 역할과 대응도 변해야 하는데 그런 전환이 느리기 때문에 아이들과 대립하고 갈등하기 쉬운 것입니다.

아동기까지는 부모가 양육자, 보호자, 훈육자의 역할을 해왔다면 청소년기부터의 부모는 동반자, 상담자의 역할로 전환해야 합니다. 이미 신체적, 정신적 성장과 지적 발달이 급격하게 이루어지는 시기인데도 부모가 자녀를 어린애 취급하는 것부터 못마땅하고 불편한 것입니다.

자녀가 웬수가 될 수도 있는 시기

이제부터 부모는 자녀를 대하는 마음가짐에 변화를 주고 건강한 자아 정체감을 찾으면서 독립된 인격체로 살아가도록 도와야 합니다. 돕는 것과 잡아끄는 것은 다릅니다. 그래서 부모의 역할이 상담자가 되어야 한다는 것입니다.

이미 통계로도 살펴보았듯이 이 시기의 아이들은 직업과 학업의 스트레스에 오롯이 노출됩니다. 어떻게 살아야 할지에 대한 엄청난 압박을 느끼면서 동시에 어른이 되는 과정의 태풍 속으로 진입한 상태입니다. 자칫하면 상대가 누구든 주체할 수 없는 반발심으로 부정적 감정과 행동을 표출하게 됩니다. 때로는 자기 스스로에게 일탈, 자해, 자살 등의 방법으로 표출하기도 하지요.

부모 입장에서는 본격적으로 학업에 열중하여 진학과 진로의 문제를 잘 해결하고 싶을 것입니다. 그래서 사교육에 열을 올리며 아이의 성적에 예민하고 주변 정보에 민감하여 아이를 몰아붙이기도 합니다. 그런데 아이들은 이미 부모가 만능이 아니라는 사실을 인지하는 단계로 성장해 버렸습니다. 엄마, 아빠가 하는 말이 다 옳다고 믿지 않게 된 것입니다. 오히려 자신보다 뭘 모른다고 생각하기도 합니다. 그래서 알아서 할 테니 놔두라고 건방지게 외치는 것입니다.

청소년기 아이들은 아직 미숙한 존재가 맞습니다. 부모가 보기에 아직 어리고 세상 물정 모르는 아이입니다. 그런데도 어른처럼 굴고 부모의 손길을 귀찮아하는 모습이 그저 불안하고 서운한 것입니다. 너 잘되라고 하는 일인데 왜 그러느냐고 해봐야 귓등으로도 안 듣습니다. 더 이상 애 취급하지 말라는 것이지요. 이런 실랑이가 반복되면서 서서히 부모와 자녀 사이가 멀어지고 금이 가서 서로 상처로 남게 됩니다. 자식이 웬수가 되는 결정적인 시기가 바로 이때입니다.

어쩌면 이 시기의 부모는 자녀가 버릇없이 대들면 어떻게 해야 하나, 아이가 학교를 그만둔다고 할 때는 어떻게 하나, 친구랑 술과 담배를 하는데 어떻게 할까 등 상황별 부모의 대응법이 궁금할 수도 있습니다. 하지만 그런 디테일한 방법과 스킬이 언제나 동일하게 먹히지는 않습니다. 문제의 상황과 부모 자녀 상호관계의 배경, 기질과 경험 등에 따라서 너무나 다릅니다. 이 책에서 일일이 상황별 사례 중심으로 풀지 않는 이유가 이것입니다. 그것보다는 본질적으로 부모가 자녀를 어떻게 이해하고 대응하는 자세를 갖출 것인가가 중요합니다.

자녀의 내면을 이해하고 아이의 발달 과업과 변화 흐름을 놓치지 않으며 부모 자신의 비울 것과 채울 것을 자각하는 것이 더 중요합니다. 부모로서의 이런 본질적 단단함이 개별적 상황의 문제를 오히려 수월하게 풀어주는 것입니다. 두 아들을 키운 제 경험 중에서 다행히 잘했다고 생각되는 점이 이 부분입니다. 초등학교 시기까지는 디테일하게 아이들을 가르치고 부모의 권위로 결정하는 방식을 사용했습니다. 매일 아이들 잠자리를 봐주면서 함께 많은 시간을 보내지 못한 부분을 보충하려고 애를 쓰기도 했습니다. 연간 한두 번은 가족 여행 이벤트로 가까운 곳이라도 같이 다니는 경험을 만들었습니다.

그러다 중학교에 들어가면서부터는 서서히 아이들에게 맡기기 시작했습니다. 부모가 결정하기 전에 아이들과 상의하여 그들의 의견을 들어보았습니다. 그리고 '해라'에서 '하면 어떨까'로 말투를 바꾸었습니다. 야단을 쳐야 할 상황에도 일단 아이의 말을 먼저 충분히 듣고 이야기를 나누었습니다. 아이들이 뭔가 성장한 대우를 받는다는 느낌을 주려고 노력한 것입니다. 때로는 부모가 아이들에게 묻기도 합니다. 우리는 그 부분을 잘 모르는데 너희는 아느냐고 말입니다. 아이들이 더 잘 아는 부분이 분명히 있기 때문에 나름 진지하게 설명해주기도 합니다. 부모가 뭐든지 더 잘 안다고 강요하지 않으려는 의도지요.

지금은 대학을 가고 군대도 제대하여 자신들의 일을 하는 청년으로 성장했는데, 가끔 어릴 때 이야기를 하면서 아이들이 말해줍니다. 아빠가 언젠가부터 자신들을 어른처럼 대해주는 모습이 확연히 느껴져서 좋았답니다. 엄격했던 아빠가 자율권을 인정하고, 통제하기보다는 믿고 맡기는 양육의 변화를 본인들도 어느 순간 느끼면서 기분이 좋았다네요. 제가 의도한 양육 방식의 변화를 아이들도 느끼고 좋았다니 다행이라는 생각입니다.

인간은 누구나 존중받고 싶은 욕구가 있습니다. 윌리엄 제임스의 말처럼 인간 본성의 가장 깊은 원리는 인정받고 싶은 갈망이 아니겠습니까? 부모가 자녀를 인정하는 것 자체가 존중입니다. 청소년기의 아이들은 인정받고 존중받기를 갈망하는 존재입니다. 그런 존중과 인정을 통해 자아 정체감을 충족해가는 것입니다.

아이들이 학업에 관심이 없다고 생각하거나 진로에 무관심하고 의욕이 없다고 답답해하는 부모가 많습니다. 하지만 그들도 관심은 있지만 대책이 안 서고 자신이 없어서 막연하고 두려우니까 무관심하게 보이는 것일 수 있다는 생각을 해야 합니다. 따라서 이 시기의 자녀 교육은 학업 성적 관리나 진로 찾기에 매달리기보다는 아이의 자아 정체감을 찾게 도와주고 자신도 뭔가 하면 할 수 있는데 아직 찾지 못한 것일 뿐이라는 사고의 전환이 훨씬 본질적인 것입니다. 물론 학업과 진로를 마냥 외면해서는 안 됩니다. 다만 모든 아이들이 중고등학생 시절에 전적으로 학업에 충실하고 진로를 발견하여 곧장 직진하는 것은 아니기 때문에 더 넓고 크게 생각하면서 아이를 양육하는 부모 리더십이 필요하다는 의미입니다.

자아 정체감과 양육의 4S

영유아기 자녀에게 애착의 형성이 중요하듯이 청소년기 자녀에게 자아 정체감은 앞으로 성인이 되어 사회생활을 하고 대인관계를 맺으며 자신의 성취를 토대로 삶을 살아가는 데 매우 결정적인 역할을 합니다. 자아 정체감이 단지 청소년기에만 필요하다거나 이 시기에 완성되는 것은 아닙니다. 그럼에도 청소년기의 자아 정체감이 발달 과업이 된 것은 아동기를 지나 성인으로 넘어가기 전의 청소년기가 일정 수준의 신체적, 인지적, 사회적 발달을 이루고 있으며 앞으로의 성숙에 유의미한 기여를 하기 때문입니다.

에릭슨부터 디그넌, 워터맨, 마르샤 등 많은 학자들의 견해를 단순하게 요약하자면 자아 정체감은 '나 자신은 누구이며 가정과 사회에서의 역할은 무엇이고 자신의 성격, 취향, 가치관, 신념, 세계관 등에 대해서 명료하게 이해하고 있는 상태'라고 표현할 수 있습니다. 자아 정체감에 대한 종단 연구로 유명한 조젤슨에 따르면 청소년기에 형성된 자아 정체감은 30대 중반에도 거의 그대로 유지되고 있음이 밝혀졌습니다. 물론 그 이후에도 자아 정체감은 지속적으로 발달하지만 청소년기의 자아 정체감이 꽤나 오랜 기간에 걸쳐 아이의 삶에 영향을 주고 있음은 주목할 일입니다.

청소년기 아이들의 자아 정체감 형성을 위해서는 자신을 좋게 인식하도록 하는 것이 중요합니다. 비록 지금은 남보다 부족한 점이 있더라도 점점 나아질 수 있는 가능성을 바라보도록 하는 것입니다. 긍정심리학자 에먼스는 시각의 재구성을 이야기합니다. 그러니까 같은 상황이라도 어떻게 바라보느냐에 따라서 달리 해석할 수 있다는 것입니다. 아이들에게 당장의 단점이나 부정적인 면만 바라보지 말고 발전과 개선의 가능성을 보도록 이끌어주는 양육이 중요합니다.

세계 창의력 교육의 노벨상으로 불리는 토런스상을 수상한 김경희 교수에 따르면 아이들 양육에는 4S가 필요하다고 합니다. 'sun, storm, soil, space'가 그것입니다. 아이들이 성장하는 데 호기심과 긍정 정서, 시련 극복의 자신감, 다양한 경험, 자유로운 사색의 여유를 제공해야 창의적 인재로 성장한다는 것입니다.

저는 자아 정체감을 건강하게 확립하는 데에도 이 네 가지가 필수적인 역할을 한다고 믿습니다. 부모를 포함한 양육자가 아이들에게 햇빛뿐 아니라 때로는 바람도 경험하게 하면서 자신의 공간에서 건강한 자아를 찾아가도록 돕는 역할이 필요하다는 것이지요.

쓴맛을 모르는 자 단맛도 모른다

어느 카페를 지나다가 흥미로운 문구를 보았습니다.

'쓴맛을 모르는 자 단맛도 모른다.'

요즘 긍정 심리니, 자존감이니 하는 단어가 일상화되었습니다. 이 단어들 본래의 의미를 생각하면 당연히 널리 전파되어야 합니다. 그런데 잘못하면 독이 되는 경우도 있으니 주의해야 합니다. 긍정적으로 생각하는 것이 마치 모든 일을 좋은 게 좋다고만 해석하고, 나쁜 면은 아예 생각하지 않는 것으로 오해하면 안 됩니다. 진짜 긍정은 현실을 직면하는 것입니다. 좋은 것은 좋게 받아들이고 나쁜 것도 나쁜 그대로 현실로 받아들이는 것입니다. 무조건적인 낙천주의가 긍정은 아니라는 말입니다.

청소년기 아이들에게 실패는 두려운 일입니다. 경쟁에서 밀리는 상황은 무엇보다 피하고 싶은 일입니다. 그러나 무조건 나만 잘될 것이라고 근거 없는 낙천주의로 키워서는 안 됩니다. 요즘 아이들 말마따나 근자감(근거 없는 자신감)은 가짜 자신감입니다. 근자감으로는 난관을 해결하지 못하므로 더 큰 좌절을 만나게 됩니다. 건강한 자아 정체감을 위해서는 가짜 긍정, 가짜 자신감이 아니라 현실적 자아를 직면하도록 해야 합니다. 비록 쓴맛이라 하더라도 그게 현실임을 받아들이게 해야 합니다. 그리고 쓴맛을 단맛으로 바꾸기 위한 방법을 함께 찾도록 동기부여를 하고 지원하는 것입니다.

이상적 자아와 현실적 자아의 갭을 인식하는 것이 건강한 삶입니다. 만약 이 갭을 혼동하고 부정한다면 자기 파괴의 삶이 되어 공감력을 잃게 됩니다. 심리학에 '정신적 대조법'이라는 것이 있는데, 가브리엘 외팅겐 교수가 말하는 성공의 원리는 막연한 장밋빛 상상이 아니라는 것입니다. 자신이 원하는 목표 달성의 이미지를 그리면서도 현실적인 걸림돌을 올바로 인식해야 성공할 수 있다는 이론입니다. 우리 아이들에게 무조건 잘될 거라고 환상만 심어주면 소위 희망 고문이 아닐 수 없습니다. 목표에는 넘어야 할 난관이 있음을 직시하고 대응하는 자세가 건강한 자아를 만듭니다.

심리학자 외팅겐과 골위처 교수는 목표 달성의 4단계를 'WOOP'으로 정리했습니다. 'Wish-Outcome-Obstacle-Plan'이 그것입니다. 다이어트를 '목표'로 한다면 성공의 '결과'로 5kg 감량을 놓을 수 있겠고, '장해물'로는 야식이 있을 수 있습니다. 그래서 '계획'하기를 저녁 일곱 시 이후에는 아무것도 안 먹도록 하는 것입니다. 이런 4단계를 통해서 목표와 장해물을 함께 인식하여 그에 걸맞은 현실적인 행동을 통해 성취감을 맛보는 과정에서 자아 정체감도 형성되고 자세와 행동이 성장하는 것이지요.

자녀에게 좋은 정체성을 갖게 하려면 좋은 습관을 들이는 것이 좋습니다. 습관은 반복의 결과입니다. 좋은 습관을 들이려면 일정 시간 이상의 노력이 필요하지만 더 중요한 것은 반복한 횟수입니다. 그러니까 시간이 아니라 횟수가 습관을 만드는 것입니다.

인간이 반복적으로 하는 행동이 지금 존재하는 나를 만듭니다. 정체성identity이라는 단어의 어원은 원래 반복하다identidem와 실재하다essentitas입니다. 반복하는 것, 실재하는 것을 습관이라고 하니 결국 몸에 밴 습관이 그 사람의 정체성이란 말도 되는 것입니다.

성격의 강점을 찾아서

자녀의 성격에 어떤 강점이 있는지를 찾아주고 자신의 강점을 활용하여 자아실현의 삶을 살도록 한다면 행복한 인생을 만들 수 있다는 것이 긍정심리학의 최근 연구입니다. 아이들이 청소년기를 보내면서 자기 성격의 강점을 알고 그 강점을 반복하여 더욱 개발된 습관으로 만든다면 성인이 되어서까지 건강한 정체감을 지니고 웰빙의 삶을 살 것입니다.

성격의 강점은 단지 능력이 아니라 그가 어떤 사람인가에 주목합니다. 선천적인 재능이 아니라 후천적으로 개발이 가능한 것입니다. 성격의 강점에 관련된 일은 학습 속도도 빠르고 활력이 넘치는 특징이 있습니다.

아이들의 대표 강점을 찾아주려면 평소의 관찰과 질문을 통한 방법도 있겠지만 전문가들의 연구에 의한 진단 사이트가 있습니다. www.viastrengths.org라는 사이트에서는 무료로 검사와 결과를 제공해주고 있으니 활용해보시면 좋겠습니다. 여기서는 스물네 가지 성격의 강점을 분류하는데 진단 결과에서 상위 다섯 개 정도가 그 사람의 대표 강점이 됩니다. 아이의 대표 강점을 알게 되면 부모와 함께 결과를 놓고 그것에 대해 이야기를 하는 것입니다. 평소의 생각과는 어떻게 다른지 본인의 의견과 부모의 의견을 비교하면 도움이 됩니다.

자기 성격의 강점들을 알면 앞으로 대인관계나 직업적 방향에 참고가 되기도 합니다. 어떤 점에 주목하여 사람들과의 관계를 맺어갈 것이며, 어떤 종류의 직업이 강점과 조화를 이룰 것인가의 단서가 되기 때문입니다. 물론 강점을 좋고 나쁨의 기준으로 평가하면 안 됩니다. 그저 나에게 존재하는 특성이고 활용할 수 있는 자원으로 받아들이면 됩니다. 무슨 일이든지 기왕이면 자신의 특성을 잘 살려서 반복하면 다른 영역보다 훨씬 생산성이 높아집니다. 그래야 지치지 않고 몰입하게 되어 행복감을 느끼는 것이지요. 잘하는 일을 좋아하는 것이 진짜 웰빙의 삶입니다.

언젠가 〈이태원 클라쓰〉라는 드라마를 보았습니다. 주인공이 교도소에 수감되어 운동장에서 책을 읽고 있는데 누군가 다가와서 시비를 거는 장면이 나왔습니다. "책 읽는다고 뭐가 달라지냐? 우리 같은 전과자는 어차피 아무도 안 써주는데 뭣 하러 책을 읽냐?"라고 말입니다. 그러자 주인공이 "처음부터 안 될 거라고 정해놓으면 뭘 하겠냐? 그러니까 이렇게 살 수밖에 없지"라고 대답합니다. 이 대화 속에서 각각의 마인드셋mind set이 다름을 알 수 있습니다. 누구는 어차피 안 된다고 생각하고, 누구는 해보면 달라질 수 있다고 생각합니다.

인생을 살면서 실패에 따른 좌절이 없을 수는 없지만 어떤 마음가짐으로 대하느냐에 따라 삶이 달라진다고 믿는 마인드셋이 중요합니다. 캐롤 드웩 교수의 책으로 널리 알려진 《마인드셋》은 고정 마인드셋과 성장 마인드셋으로 나뉩니다. 사람은 태어난 대로 사는 것이라며 어차피 안 되는 사람은 안 된다는 고정 마인드셋이 아니라 하기에 따라서는 무엇이든 가능하다는 성장 마인드셋으로 양육하는 것이 중요합니다. 그러려면 먼저 부모 자신이 성장 마인드셋을 가져야 합니다.

성장 마인드셋을 가져야 어렵더라도 도전해보려는 마음이 생기고, 실패도 과정이라며 털고 일어서려는 마음을 먹습니다. 또한 타인의 피드백과 조언도 달게 받아서 자신의 발전에 활용하자는 마음으로 경청하고 겸손해집니다. 고정 마인드셋은 회피하고 도전하지 않으며 피드백 듣기를 싫어합니다.

청소년기 자녀에게 정말로 필요한 것은 당장의 수능 점수가 아니라 홀로 인생을 직면하여 역경을 넘어가려는 의지와 자신감입니다. SKY대학을 나왔어도 건강한 자아 정체감과 성장 마인드셋이 없으면 온실 속의 화초에 지나지 않습니다. 벤자민 바버 교수가 말한 것처럼 '세상은 강자와 약자가 아니라 배우는 자와 배우지 않는 자로 나뉜다'는 사실이 의미심장합니다.

Q 우리 아이의 최대 고민은 무엇인지 알고 있나요?

Q 우리 아이의 최대 관심 사항은 무엇인가요?

Q 아이에게 긍정적 사고력을 길러주는 우리 가정의 방법은 무엇인가요?

Q 진단을 통한 아이의 대표 강점은 무엇으로 나왔나요?

STORY 6

부모 노릇에 태클 걸지 마

프랑스의 소설가 앙드레 지드는 '늙기는 쉬워도 아름답게 늙기는 어렵다'고 했습니다. 우리는 결혼을 하고 자녀를 낳아 부모가 됩니다. 부부로 살 때와 달리 부모가 되면 전에 없던 책임감이 생깁니다. 이제는 나 자신의 삶에서 누군가의 부모로서의 삶으로 인식이 전환되는 것이지요. 그리고 자녀의 삶에 대한 기대와 책임을 양 어깨에 짊어지고 좋은 부모가 되기 위한 좌충우돌의 세월을 보내다 보면 어느덧 중년을 넘어 노년으로 접어드는 자신을 발견합니다. 이때 부모들은 느긋한 여유로움과 동시에 허전하게 텅 빈 마음을 느끼게 됩니다.

늙는다는 것은 한순간 같았던 자신의 삶을 돌아보고 남은 삶의 여정을 새롭게 바라보며 또 하나의 이정표를 찾아가는 것입니다. 그리고 스스로의 삶을 평가하기도 합니다. 얼마나 잘 살아왔던가, 얼마나 잘 키워왔던가의 평가 말입니다. 이제는 한숨 돌리며 다시 부부만의 삶으로 회귀하는 순간이 온 것입니다. 그런데 부모 노릇의 진짜 마무리는 아름답게 늙어가는 부모의 모습을 자녀에게 보여주는 것이 아닐까 싶네요. 나태주 시인의 표현대로 단지 마음을 비우지 말고 기쁨으로 채우는 삶을 사는 것 말이지요.

어른이 된다는 것은 단순히 나이를 먹는 것은 아닐 것입니다. 부모가 되었다고 자연히 어른이 되는 것도 아닙니다. 어른이 된다는 것은 너그러워지는 것이 아닐까 싶습니다. 삶의 기준이 너그러워지는 것 말입니다. 이것은 그저 힘이 빠지거나 열정이 식어서 좋은 게 좋다는 식으로 체념하고 사는 것과는 분명 다른 일입니다. 살아보니 알게 된 그 많은 일들 속에서 찾아낸 인생의 지혜로 스스로의 기준을 너그럽게 만드는 용기와 여유가 없이는 안 되는 일이기 때문입니다. 자기 자신에게나 자녀를 포함한 타인에게 이전과 달리 너그러운 기준으로 바라보는 삶이 어른의 삶이라고 생각합니다.

윌리엄 골딩의 《파리대왕》이란 소설은 어른의 중요성을 절감할 수 있는 오싹하고 가슴 두근거리는 이야기입니다. 비행기 사고로 무인도에 아이들만 남게 된 상황에서 생존과 구출을 바라는 사투가 주제입니다. 처음에는 나름의 규칙과 역할 분담으로 살아남기 위해 노력합니다. 하지만 시간이 지남에 따라 점차 살고자 하는 자신의 욕망에 눌려서 서로를 믿지 못하고 자기중심적인 판단을 앞세우며 친구를 죽이기까지 하는 야만적 모습을 드러내게 됩니다.

아이들은 두려움 속에서 보호해줄 어른을 갈망합니다. 두려움이 아이들을 잔인하고 야만적인 괴물로 변하게 만들지만 어른의 손길이 닿지 않는 그 섬에서 아이들은 방황할 수밖에 없습니다. 그런데 아이들 가운데 돼지라는 아이는 이렇게 두렵고 힘든 순간에 어른이라면 어떻게 했을까를 생각합니다. 돼지라고 불리는 그 아이는 어른들의 사고방식과 행동을 되새기며 자신들의 판단과 행동을 돌아보라고 소리칩니다. 그리고 아이들도 죽음의 공포에 떨고 있는 자신들에게 어떻게 할지를 어른들이 알려주면 좋겠다고 절규합니다.

먼저 어른이 되어야 부모가 됩니다

부모가 되는 것은 어른이 되는 일입니다. 자녀들이 안심하고 살아갈 울타리가 되어주는 어른이 부모입니다. 부모라고 해도 모두가 전능한 능력이 있는 것은 아닙니다. 하지만 자녀가 길을 잃고 헤맬 때 안심하도록 심리적 지원을 해주고 같이 걸어가는 역할만으로도 충분합니다. 자녀가 잘못을 했을 때 무조건 편을 들어주는 것이 아니라 올바른 길을 알려주는 지혜자의 역할을 하면 되는 것입니다. 가끔은 부모의 판단이 틀릴 수도 있습니다. 그래도 자녀는 부모의 의도와 바람을 온몸으로 느끼고 받아들이게 됩니다. 어른으로서의 부모 역할은 바로 이런 경험을 제공하는 것입니다.

어른이 제대로 중심을 잡지 못하면 아이들은 올바른 판단과 기준을 체득하지 못하고 성장하므로 자신과 세상을 삐뚤어진 프레임으로 보게 됩니다. 그래서 한 집안의 부모가 어른 역할을 하지 못하면 콩가루 집안이 되는 것입니다.

완벽한 부모가 되라는 것이 아니라 자녀가 건강한 삶의 기준을 갖고 성장하도록 어른의 기본적인 역할에 충실하면 됩니다. 외모와 달리 아직 미성숙한 자녀에게는 다그치지 않으면서도 일정한 속도로 지속하는 어른의 인생 몸짓이 필요합니다.

도널드 위니캇은 아이의 본성을 다음과 같이 적나라하게 묘사했습니다.

'아이는 무자비하며 엄마를 무보수의 하녀처럼 취급한다. 아이는 배가 고프면 엄마를 무지 사랑하지만 일단 자신이 원하는 것을 손에 넣으면 귤껍질처럼 엄마를 던져버린다. 아침에 한바탕 난리를 치고 밖으로 나가면 아이는 지나가는 사람을 보고 방긋 웃는다. 그러면 그 사람은 참 예쁘고 착한 아이라고 쓰다듬어준다.'

얄밉지만 이게 현실인 것을 받아들이는 어른이 되어야 합니다.

시인 박목월은 〈가정〉이라는 시에서 아버지의 모습을 초라하고 고달프기 그지없는 존재로 그렸습니다.

아랫목에 모인 아홉 마리의 강아지야.
강아지 같은 것들아.
굴욕과 굶주림과 추운 길을 걸어 내가 왔다.
아버지가 왔다.
아니 십구 문 반의 신발이 왔다.
아니 지상에는
아버지라는 어설픈 것이 존재한다.

세상의 모든 아버지가 완벽하게 멋진 존재일 수는 없습니다. 아무리 아이를 사랑하는 엄마라도 아이 때문에 짜증이 날 때도 있습니다. 심지어 아이가 미워질 때도 있습니다. 하지만 완벽한 부모의 모습을 보이지 못한다고 죄책감을 느끼거나 불안해할 필요는 없습니다. 부모는 완벽한 존재가 아니라 있는 그대로의 모습으로 인정해야 할 존재입니다. 부모도 가끔은 틀릴 수 있다는 것을 알면서 성장하는 자녀가 훨씬 더 정상입니다. 부모의 부족함 속에서 견딜 만한 수준의 결핍과 고난을 경험하며 성장하는 자녀가 오히려 건강하게 자랍니다. 부모는 그저 어른으로서 테두리를 지켜주면 그것으로 충분합니다.

너무 좋은 부모가 되려고 애쓰다가 강박적인 삶을 살면 안 됩니다. 그것은 부모 자신과 자녀에게도 독이 되는 일입니다. 부모 노릇이 힘들고 지칠 때는 자신의 삶을 돌아보기 바랍니다. 나는 너그러운 어른의 삶을 살고 있는지. 부모가 나이를 먹고 노년의 삶을 살게 되었을 때 이런 너그러움을 간직한 삶이 되도록 인생을 계획해야 합니다. 그래야 부모 노릇의 마무리가 온전하게 되는 것입니다.

끝이 좋으면 다 좋은 것이라고 하지 않습니까? 자녀 양육의 시기만이 아니라 양육 이후에 부모 자신의 삶이 행복하고 건강해야 진짜 부모 노릇을 올바로 하는 것입니다.

부모 노릇의 세 가지 노후 관리

인생 100세 시대를 살면서 자녀 양육에 오롯이 자신의 삶을 투자하고 그 이후에는 남는 것이 없다면 결코 자녀도 행복하지 않습니다. 자녀 입에 밥 들어가는 것만 봐도 배가 부른 것이 부모이듯이 노년의 너그럽고 여유로운 삶을 사는 부모를 보는 자녀도 행복하고 뿌듯한 것입니다. 그래서 노년이 되기 전에 부모 노릇의 완결을 위한 준비와 계획이 절대적으로 필요합니다. 대표적으로 건강 관리, 재무 관리, 관계 관리 등 세 가지 영역의 준비가 중요합니다.

건강 관리는 다시 마음 관리와 신체 관리로 나눌 수 있습니다. 자녀를 건강한 성인으로 양육하여 독립시키고 나면 어쩔 수 없이 나이를 먹게 됩니다. 아무리 나이가 숫자에 불과하지만 물리적인 노화 현상은 막을 길이 없습니다. 하지만 노화하되 노쇠하지 않도록 관리하는 것이 중요합니다.

나이를 먹을수록 나와 다른 꼴을 못 보면 안 됩니다. 나와 다를 수 있음을 당연하게 받아들이는 여유가 필요합니다. 사소한 일로 삐치는 일도 없어야 합니다. 노년에도 젊은이들과 경쟁하여 이기려고만 해서는 안 됩니다. 이제는 한발 뒤로 빼고 좀 더 푸근하게 관조하는 자세가 필요합니다. 현실의 나와 이상적인 나를 구분하는 지혜가 바로 이때 필요한 것이지요.

마음이 평안해야 신체도 건강해집니다. 편안함도 좋지만 평안함은 더 중요합니다. 마음의 균형이 한쪽으로 쏠리지 않고 상황에 맞추어 중심을 이동시키는 유연함이 평안함을 만듭니다. 파도가 일지 않는 것은 아닌데 파도에 휩쓸리거나 파도 때문에 힘들어하지 않는 상태가 평안함입니다. 모든 것이 완벽해야 한다는 조바심을 내려놓고, 이것은 이래야 한다는 고집을 내려놓으면 평안함이 찾아옵니다.

고집이라 쓰고 소신이라 읽지 말아야 합니다. 노년의 삶에는 더하기보다 빼기가 더 필요한 이유입니다. 잡으려고 하지 말고 놓으려고 하는 삶이 더 지혜로운 법입니다.

노년의 부모 건강은 자녀의 삶의 질에도 크게 영향을 줍니다. 자녀가 독립하여 분주한 삶의 현장에서 자신과 가정을 돌보다 보면 부모와의 거리가 생기게 됩니다. 이때는 물리적인 거리와 심리적인 거리가 함께 생기는 것이 자연스러운 현상입니다. 따라서 부모가 신체적으로도 건강해야 자녀의 걱정과 손길이 덜 필요합니다. 노년의 부모가 병원이라도 가야 할 상황에 자녀가 일상을 접어놓고 병원 동행이나 수발을 드는 것은 현대의 삶에서 생각보다 쉽지 않은 일입니다. 저는 28년째 89세의 부모님과 같이 살면서 점점 더 자주 병원 수발을 들기 때문에 절실히 느끼는 부분입니다.

저는 아내와 달리 정적인 취미를 좋아합니다. 책을 읽고 조용한 곳에 앉아서 가만히 쉬면 참 좋습니다. 운동이나 외부 활동을 즐기는 아내와 너무나 다른 취향입니다. 하지만 중년이 되면서부터는 함께 가벼운 외부 활동을 늘려가기 시작했습니다. 아무래도 운동량이 부족했던 제가 건강을 위해 운동과 취미를 외부 활동으로 채울 필요를 느꼈기 때문입니다. 그렇다고 대단한 일은 아닙니다. 집에서 멀지 않은 둘레길을 정기적으로 찾아서 살짝 땀이 날 만큼 걷기, 가까운 산을 찾아서 중간까지만 올라가기, 가끔은 경치 좋은 산과 들로 나가서 눈으로 자연을 즐기기 등입니다.

웅크리면 상처는 더 깊어집니다

최근 코로나로 인해서 우울감을 호소하는 사람이 늘고 있습니다. 코로나 블루 현상입니다. 우울감을 치료하는 방법 가운데 야외로 나가서 햇볕을 쬐는 것은 전문가도 추천하는 권장 사항입니다. 애꿎은 성격 탓 하지 말고 가능한 범위와 방법을 찾아서 외부 활동량을 늘려보는 것은 건강을 위해 매우 중요한 일입니다.

요즘은 전국의 지자체에서 주민들의 편의를 위해 다양한 시설을 마련하고 있습니다. 출렁다리 공원, 수변 산책로, 각종 둘레길 조성 등의 사업이 활발하기 때문에 집에서 멀리 가지 않아도 얼마든지 자연을 접하면서 운동을 즐길 방법이 많습니다.

노년의 고통 가운데 가난을 빼놓을 수는 없습니다. 자녀 양육을 마칠 무렵이면 현역에서 은퇴할 나이가 되고 이미 가진 재산은 바닥을 드러내기 쉽습니다. 그래서 자녀가 독립한 이후 부모의 삶을 위한 남은 재정이 문제입니다. 예전처럼 자녀가 부모의 노후를 책임지는 일은 드뭅니다. 따라서 부모 자신이 노년의 삶을 위한 재무 관리를 미리 하지 않으면 나중에 자녀에게도 큰 짐이 되고 맙니다. 당장 급한 일 때문에 나중 걱정을 할 여력이 없었다고 할지라도 노년의 현실은 성큼 닥쳐오게 되어 있습니다.

저 역시 두 아들을 키우고 부모님을 모시고 살면서 여섯 식구가 여유롭게 살기는 쉽지 않은 형편이었습니다. 그래서 아이들에게 미리 선포한 것이 있습니다. 어느 시점이 되면 스스로 재정적 책임을 질 생각으로 살아야 한다는 것과 부모의 노후를 미리 준비하려면 일정 수준 이상의 재정적 지원은 어렵다고 말입니다. 그리고 노년에 자녀에게 의지하지 않고 살기 위해 부모인 우리도 재정적 준비를 해야 한다고 중고등학교 때부터 이미 지속적으로 이야기하고 동의를 구했습니다.

실제로 아이들 교육이나 기타 재정적 지원은 우리의 기준에 맞춰서 지켰고, 노후를 위한 보험과 적금 등의 준비를 오래전부터 해오고 있습니다. 자녀의 학비와 양육비에 모든 것을 쏟아붓는 일은 위험합니다. 충분히 가능한 여력이 있다면 모를까, 일반적인 가정에서는 반드시 노후를 위한 준비를 일정 부분 마련하고 남는 부분으로 양육을 해야 합니다. 조금 모진 일 같지만 나중에 자녀에게 손 벌리지 않고 떳떳하게 살아가는 부모가 진짜 좋은 부모인 세상입니다.

셰익스피어의 《리어왕》에서 왕은 두 딸에게 영토를 포함하여 모든 것을 물려주었습니다. 그리고 위대한 왕으로서, 아버지로서 존경받는 노년을 보낼 것으로 생각했습니다. 하지만 모든 것을 물려준 이후 리어왕은 그저 무기력한 늙은이로 전락합니다. 아무리 불평하고 소리쳐도 이제 더 이상 리어왕의 위엄은 사라지고 없게 되었습니다. 자녀에게 아무것도 물려주지 말고 움켜쥐고 살라는 말이 아닙니다. 부모의 노년은 궁핍하지 않도록 스스로 준비하는 현명함이 필요하다는 말입니다.

사랑해야 할 이웃의 1순위는 배우자

무엇보다도 부모의 노년에 중요한 것은 관계 관리입니다. 자녀 양육을 마치고 현업에서도 은퇴하고 나면 주변에 사람이 없게 됩니다. 마땅히 할 일도 없어집니다. 이 시기에 마음을 다치고 건강을 해치는 일이 발생하는 것입니다. 이럴 때 가장 필요한 것은 관계입니다. 마음을 나눌 수 있고 대화가 통하는 누군가가 필요합니다. 당연히 부부가 우선적으로 그런 관계여야 합니다. 그래서 자녀 양육에 올인하느라 부부 사이가 멀어지면 노년에 매우 위험해집니다.

관계 관리의 1순위는 배우자입니다. 아무리 재정이 넉넉하고 건강하다 해도 배우자와의 관계에 금이라도 가면 그것이 지옥입니다. 젊은 시절에는 가정 밖에서의 관계로도 충분히 살아갈 수 있습니다. 하지만 노년의 부부는 전혀 다릅니다. 자칫 쓸데없는 자신감으로 평생 살아온 방식 그대로 노년에도 살 것처럼 생각하면 큰 오산입니다. 노년에는 내려놓아야 한다고 했습니다. 배우자에게도 마찬가지입니다. 특히 남자가 더 내려놓아야 합니다. 누구도 쳐다보지 않는 알량한 자존심을 내려놓아야 합니다.

노년의 부부가 행복한 관계를 만들려면 무엇보다 서로를 존중해야 합니다. 요즘은 '싫존주의' 시대입니다. 상대방이 싫어하는 것도 존중하는 시대라는 말입니다. 특히 부부 사이에서 중요한 것은 배우자가 좋아하는 일을 하기보다 싫어하는 행동을 하지 않는 것입니다. 많은 남편들이 이것을 몰라서 평소에 아내가 싫어하는 행동을 일삼다가 가끔 이벤트로 무엇인가를 크게 기획해도 아내의 반응이 시원찮거나 욕을 먹는 것입니다. 우선은 배우자가 싫어하는 일을 안 하도록 변하는 것이 순서입니다.

가족이나 주변인과의 관계도 마찬가지입니다. 젊은 시절의 무용담이나 성취를 더 이상 들이대지 말아야 합니다. 그때는 그때이고, 이제는 노년의 삶이라는 현실을 받아들여야 합니다. 노년이 되어서도 젊은이보다 뭐든지 낫기를 바라고 그들의 존경을 받으려고만 하는 것은 비호감의 지름길입니다. 오히려 겸손함이 무기입니다. 가족이나 주변인들에게 더 이상 군림하려 하지 말고 그들을 존중하고 겸손함으로 대하면 됩니다. 내가 먼저 말하고 그대로 따르라고 하지 말고 그들의 의견을 듣고 수용하는 자세를 보이면 최고의 관계 관리가 될 것입니다.

플라톤이 말하기를 "늙음에 만족할 때 늙음을 지탱할 수 있지만, 늙음에 만족하지 못하면 늙음 자체가 참을 수 없는 고통이 된다. 이것은 젊음도 마찬가지다"라고 했습니다. 최근에는 '액티브 시니어'란 말을 사용합니다. 은퇴 이후에도 자신의 삶을 당당하게 살아가는 활동적인 노년을 이르는 말입니다. 꼭 무슨 거창한 직업이라도 가져야 한다는 것이 아닙니다. 나이 듦에 대하여 비관하지 않고 그 나이에 맞는 당당한 삶의 자세를 유지하는 시니어가 되면 됩니다. 타인의 시선에 일희일비하거나 발끈하지 말고 오히려 시선을 세상으로 돌려서 나이만큼의 자신감을 갖는 것입니다.

부모 노릇의 멋진 마지막 무대는 노년의 부부가 초연하게 행복한 삶의 발걸음을 다독이는 것이 아닐까요? 자녀의 걱정거리로 전락하지 말고, 닮고 싶은 모델이 되어 노년의 여유를 소박하게 누리는 것이 아닐까요? 인디언 속담에 "내 슬픔을 등에 짊어지고 가는 사람이 친구"라고 했습니다. 배우자가 인생의 베스트 프렌드가 되어 서로의 슬픔을 나눠 지고 살아가는 뒷모습을 보여주는 것이 최고의 부모 노릇이 아닐까 싶습니다.

이제 글을 마치면서 이해인 수녀의 〈벗에게〉라는 시 일부를 소개합니다.

울고 싶다고 했을 때
충분히 거두어줄 수 있고

내가 기뻐할 때

진심으로 기뻐해줄 수 있는

친구이고 싶다

부모 노릇의 마지막 페이지는 이런 모습으로 장식해보는 것이 어떨까요? 베스트 프렌드로서 노년의 부부가 동행하는 아름다운 뒷모습을 자녀에게 당당히 보여주는 것 말입니다.

Q **우리 부부는 어떤 어른의 모습일까요?**

Q **마음의 평안함과 신체의 건강을 위해 부부가 할 수 있는 일은 무엇이 있나요?**

Q **우리 부부의 노년을 위한 재무 계획은 무엇인가요?**

Q **아름다운 관계 관리를 위해 내가 변해야 할 부분은 무엇인가요?**

마치는 글

얼마나 멀리 왔는지 봐요

마음 가득 사랑으로 채웠어요

이제껏 충분히 해왔으니 잠시 쉬어도 돼요

자책하지 말아요

그렇게 빠르게 달릴 필요 없어요

뒤처질 때도 있지만 그래도 우리는 최선을 다했어요

콜롬비아 출신의 세계적인 라틴 팝 가수 샤키라의 〈Try Everything〉이란 노래의 가사 일부를 소개했습니다.

코로나 블루의 우울함을 넘어서 코로나 레드라는 분노의 수준까지 진화할 정도로 힘든 시기를 보내면서 많은 부모들이 갈수록 부모 노릇에 힘들어하는 세상입니다. 그렇기 때문에 오히려 부모 노릇의 부담과 책임을 조금은 내려놓아도 괜찮은 양육의 원리를 나누고 싶었습니다. 너무 잘하려다가 스스로 지쳐서 자책하는 것이 아니라 이 정도면 충분한 부모 노릇을 전하고 싶었습니다.

추가열의 〈소풍 같은 인생〉이란 노랫말을 보면 '너도 한 번 나도 한 번 누구나 한 번 왔다 가는 인생 미련이나 후회도 많겠지만 어차피 한 번 왔다 가는 걸 붙잡을 수 없다면 소풍 가듯 웃으며 행복하게 살자'는 내용이 나옵니다. 누구나 한 번 왔다 가는 인생을 소풍같이 살다 가면 얼마나 좋겠습니까? 모든 것이 완벽하게 갖춰져야 소풍같이 살 수 있는 것이 아닌데도 우리는 어린 시절에 그렇게도 힘겹기만 했던 숙제 같은 인생을 살기 쉽습니다.

저 자신도 두 아들을 키우면서 소풍같이 살고 싶었지만 돌이켜보면 너무나 치열하고 숨 가쁘게 살아온 것 같습니다. 수능을 다섯 번이나 치르면서 아이들의 진로가 수시로 바뀌는 혼란 속에서 어떻게 해야 좋은 부모가 될 것인가를 끊임없이 고민했습니다. 나름 전문가로 산다고 하면서도 정작 제 자식의 양육 현장에서는 숱한 좌절과 후회투성이였습니다. 그러다 어느새 오십 대 중반을 넘기는 나이에 아이들은 이미 성인이 되었습니다.

아이들이 좀 더 어릴 때 지금 깨달은 것을 알고 있었다면 얼마나 좋았을까 후회가 밀려옵니다. 많은 부모들이 크게 다르지 않은 상황입니다. 나중에 안정되면 좋은 부모가 되어야지 생각합니다. 지금은 생업과 생활이 중요하니까 자녀 관련 일은 다음으로 미룬다고 말합니다. 낭랑한 목소리로 "아빠, 힘내세요"를 외치고 〈곰 세 마리〉를 불러주는 아이들을 다시는 만날 수 없음을 세월이 흘러서야 알게 됩니다. 그때 옳다고 생각했던 그것이 사실은 잘못된 것이었음도 뒤늦게야 알게 됩니다.

이 책은 육아 기술을 알려주는 책이 아닙니다. 이미 언급한 대로 아무리 기술을 디테일하게 설명해도 한계가 있습니다. 그리고 상황마다 다 달라서 안 맞는 경우도 많습니다. 자녀 양육은 아무리 배우고 노력해도 안 되는 것은 안 된다는 사실을 이제야 알았습니다. 자녀는 결코 부모 뜻대로 안 되는 존재임을 나중에야 실감했습니다. 평생을 공부하는 부모의 모습을 아무리 보여줘도 자녀가 꼭 그대로 따라 하지 않는다는 것도 알았습니다.

부모는 자녀의 삶을 직접 설계하고 만들려 하지 말고 그들 스스로 선택하도록 도와야 합니다. 자녀에게는 자녀의 인생길이 따로 있습니다. 다만 그 길을 인정하는 지혜와 용기가 부모에게 필요한 것입니다.

좋은 부모 노릇은 자녀를 부모가 디자인한 모습으로 키우는 것이 아니라 그냥 자기 자신이 되도록 놔두는 것입니다. 방임이 아니라 자녀의 삶을 존중하는 부모가 되어야 합니다. 일정한 거리를 유지하면서 함께 걷는 부모가 되면 충분합니다. 요즘 말로 츤데레가 되는 것이지요. 완벽한 최고의 부모가 되려는 마음을 내려놓아야 합니다. 그냥 이 정도면 충분하다 싶은 부모가 되면 됩니다. 피카소의 말처럼 '삶의 의미는 자신의 재능을 찾는 것이고, 삶의 목적은 그 재능을 세상에 선물로 주는 것'입니다. 그 일을 부모가 함께 동행하면 그것으로 충분합니다.

이 책을 기획하면서 우리나라 부모의 현실과 아이들의 삶을 아픈 마음으로 바라봤습니다. 너무나 애쓰고 노력하는 부모와 아이들이 왜 행복하지 않을까를 생각했습니다. 수많은 자녀 양육서가 있지만 왜 그대로 안 될까를 고민했습니다. 전문가들의 좋은 양육 스킬과 족집게 조언도 중요하지만 부모 노릇의 본질적인 의미와 과정을 짚어보는 일이 시급하다는 생각에 집필을 시작했습니다. 20세기 교육의 틀 안에서 여전히 성적과 스펙의 늪에서 빠져나오지 못하면 미래의 행복은 없다는 것을 부모가 먼저 받아들이는 용기가 진정한 부모 노릇의 시작이란 점을 공유하고 싶습니다.

특히 영유아기 자녀에게 매주 하루만이라도 온전하게 시간을 투자하는 것이 얼마나 중요한지를 알았으면 합니다. 자녀와의 되돌릴 수 없는 소중한 시간을 외주에 의지하지 말고 직접 참여하는 시간 투자야말로 충분히 좋은 부모 노릇의 출발입니다. 그래 봐야 인생의 1% 시간이면 충분하다는 사실을 너무 늦게 깨닫지 않길 바라는 마음입니다. 자녀 양육의 가성비를 생각하면 부모로서, 특히 아빠로서 충분히 투자할 가치가 있는 일입니다.

가능하면 예비부부가 이 책을 통해 적기에 부모 노릇 수업을 시작하기 바랍니다. 그것으로 이미 충분히 좋은 부모가 되는 것입니다. 켈트족의 기도문 일부를 나누는 것으로 이 세상의 모든 부모님들께 응원과 축복의 마음을 전하면서 글을 마칩니다.

바람은 언제나 당신의 등 뒤에서 불고
당신의 얼굴에는 해가 비치기를
이따금 당신의 길에 비가 내리더라도
곧 무지개가 뜨기를
(중략)
앞으로 겪을 가장 슬픈 날이
지금까지 가장 행복한 날보다
더 나은 날이기를
그리고 신이 늘 당신 곁에 있기를……